S. A. Joshi

Alguns novos derivados de [1,2,4]-triazol

S. A. Joshi

Alguns novos derivados de [1,2,4]-triazol

ScienciaScripts

Imprint
Any brand names and product names mentioned in this book are subject to trademark, brand or patent protection and are trademarks or registered trademarks of their respective holders. The use of brand names, product names, common names, trade names, product descriptions etc. even without a particular marking in this work is in no way to be construed to mean that such names may be regarded as unrestricted in respect of trademark and brand protection legislation and could thus be used by anyone.

Cover image: www.ingimage.com

This book is a translation from the original published under ISBN 978-620-2-31751-1.

Publisher:
Sciencia Scripts
is a trademark of
Dodo Books Indian Ocean Ltd. and OmniScriptum S.R.L publishing group

120 High Road, East Finchley, London, N2 9ED, United Kingdom
Str. Armeneasca 28/1, office 1, Chisinau MD-2012, Republic of Moldova, Europe
Printed at: see last page
ISBN: 978-620-8-01781-1

Reconhecimento

Antes de mais, agradeço ao *Senhor Todo-Poderoso* por tudo o que me concedeu e considero as minhas realizações como suas bênçãos.

Gostaria de agradecer ao departamento de química do M. N. Science College, Visnagar, que desempenhou um papel importante no meu árduo sucesso. Muitas pessoas ajudaram-nos durante o nosso trabalho de investigação, quer direta quer indiretamente. Aproveito esta oportunidade para agradecer a todos e a cada um deles que, direta ou indiretamente, cooperaram seriamente na realização deste trabalho. Estou grato à minha querida

Agradeço toda a cooperação e apoio da editora Scholar's Press, que imprimiu e publicou este livro com paciência, cuidado e interesse.

S. A. Joshi

Prefácio

Muitos dos azóis constituem o sistema de anéis de vários compostos naturais e sintéticos que são importantes para o sistema vivo e também para a síntese de medicamentos importantes, corantes e produtos químicos agrícolas. O triazol é um sistema heterocíclico de cinco membros com dois átomos de azoto em posições adjacentes e alternadas. Muitas rotas sintéticas envolvem ciclocondensações de hidroxilamina com 1,3-bielectrofilos. O livro trata da atividade espetral e microbiana de novos derivados de [1,2,4]triazol.

O livro aborda principalmente o esquema de reação, a parte experimental, os estudos espectrais, a avaliação biológica e os resultados e discussão, incluindo FT-IR, 1H NMR, espetroscopia de massa. O livro foi escrito para estudantes de química, farmácia, microbiologia ou disciplinas relacionadas que já estejam familiarizados com a síntese de compostos orgânicos e a sua avaliação terapêutica.

Dr. S. A. Joshi

joshisejal82@gmail.com

ÍNDICE

CAPÍTULO 1
INTRODUÇÃO GERAL
Processo de descoberta de novos medicamentos

Processo atual de descoberta e desenvolvimento de novos medicamentos

Na década de 1990 e no novo milénio, ocorreram grandes mudanças na indústria farmacêutica, tanto do ponto de vista da investigação e desenvolvimento como das operações comerciais. Novas tecnologias e processos como o "high throughput screening" e a "química combinatória" foram amplamente adoptados e desenvolvidos até atingirem um elevado nível de desempenho durante este período. A impressionante taxa de rendimento dos testes de centenas de milhares de compostos exigiu a micronização das operações, o que resultou na redução das misturas de reacções de rastreio de mililitros para microlitros. Os sistemas são geralmente controlados por robots e as placas de teste podem acomodar um vasto espetro de testes biológicos. A química combinatória, um processo em que uma molécula central é modificada com um vasto espetro de reacções químicas em recipientes de reação simples ou múltiplos, pode produzir dezenas de milhares de compostos para despistagem.A utilização de computadores para conceber novos candidatos a fármacos foi desenvolvida com um nível significativo de sofisticação. Ao visualizar no computador o "sítio ativo" ao qual se pretende que o candidato a fármaco se ligue, pode frequentemente ser concebida uma molécula para atingir esse objetivo. Alguns questionaram a utilidade destes novos métodos de rastreio, alegando que não resultaram novas entidades moleculares (NME) destas novas metodologias de rastreio, apesar das centenas de milhões investidos pela indústria.

Rastreio da possibilidade de utilização de medicamentos ou de desenvolvimento

Os compostos com propriedades farmacêuticas aceitáveis, para além de uma atividade biológica e de um perfil de segurança aceitáveis, são considerados "semelhantes a medicamentos" ou passíveis de desenvolvimento. As propriedades farmacêuticas tipicamente aceitáveis para a administração oral de uma molécula semelhante a um fármaco incluem solubilidade aquosa suficiente, permeabilidade através de membranas biológicas, estabilidade satisfatória a enzimas metabólicas, resistência à degradação no trato gastrointestinal (pH e estabilidade enzimática) e estabilidade química adequada para uma formulação bem sucedida numa forma de dosagem estável. Uma série de barreiras adicionais, como os transportadores de efluxo. (ou seja, a exportação do fármaco do sangue para o intestino) e o metabolismo de primeira passagem pelas células intestinais ou hepáticas, que podem limitar a absorção oral. Estão a surgir vários métodos computacionais e experimentais para testar (ou traçar o perfil) de compostos para a descoberta de fármacos, com vista a obter propriedades farmacêuticas aceitáveis.

Síntese de medicamentos

A investigação sistemática nos laboratórios farmacêuticos conduziu à introdução de um número crescente de medicamentos nos tempos modernos. O trabalho de síntese é efectuado de acordo com as seguintes linhas:

> São sintetizados compostos cujas estruturas são mais ou menos semelhantes às substâncias que ocorrem naturalmente. Por vezes, isto dá origem a medicamentos cujo preço é muito inferior ao do medicamento natural.

> Tenta-se preparar compostos com estruturas simplificadas sem perder a eficácia.

> São feitas tentativas para sintetizar novos medicamentos, que têm as propriedades de certos produtos naturais, mas não têm qualquer relação com eles em termos de estrutura.

> São feitas tentativas para sintetizar novos fármacos que não estão relacionados, em termos de estrutura e propriedades, com os produtos naturais.

Mecanismos de ação dos medicamentos

1. **Ação física:** A propriedade física do medicamento é responsável pela sua ação, por exemplo

Massa do   laxante de   droga-bula

Propriedade de adsorção   - carvão vegetal

Atividade osmótica   - mentol

Radioatividade-radioisótopos

Meios com opacidade de rádio e contraste

2. **Ação química:**   O medicamento reage extra-celularmente de acordo com

Os antiácidos neutralizam a HCL gástrica Os agentes oxidantes (KMnO4, I2) são germicidas e inactivam os alcalóides ingeridos.

3.   Através de enzimas: Estimulação, por exemplo, a adrenalina estimula

Inibição dos ciclos adenilíticos Por exemplo, a fisostigmina e a neostigmina competem com a acetilcolina pela colinesterase.

4.   Através dos receptores: A macromolécula ou o componente de uma célula ou organismo que interage com o fármaco e inicia a cadeia de acontecimentos bioquímicos que conduzem aos efeitos observados do fármaco são designados receptores. *O agonista parcial* ativa um recetor para produzir um efeito submaxial, mas antagoniza a ação de um agonista total, por exemplo, a nalorfina. O agonista inverso ativa um recetor para produzir um efeito no sentido oposto ao do agonista bem conhecido, por exemplo, o DMCM. O antagonista liga-se ao recetor, não o ativa e não tem

qualquer efeito próprio. Os principais efeitos impedem o agonista de se ligar e ativar o recetor.

Considerações biofarmacêuticas

Para a atividade sistémica de uma molécula de fármaco, esta deve ser absorvida e atingir a corrente sanguínea ou o local de ação se for administrada por via oral, tópica, nasal, inalatória ou outra via de administração em que exista uma barreira entre o local de administração e o local de ação. Uma vez que a solubilidade e a permeabilidade são os dois factores mais importantes que influenciam a absorção oral dos medicamentos, o seguinte sistema de classificação biofarmacêutica (BCS) para substâncias medicamentosas, baseado no trabalho de Amidonet al.[51] , foi recomendado pela FDA[52] :

> Classe I - O fármaco é altamente solúvel e altamente permeável
> Classe II - O fármaco é pouco solúvel, mas altamente permeável
> Classe III - O fármaco é altamente solúvel, mas pouco permeável
> Classe IV - O fármaco é pouco solúvel e pouco permeável

No caso de um composto da classe I da CSB, não existem etapas limitadoras da taxa de absorção do fármaco, exceto o esvaziamento gástrico e, por conseguinte, pode não ser necessária qualquer consideração especial em termos de administração do fármaco para tornar o composto biodisponível. Por outro lado, no caso de um composto da classe II da classificação BCS, é necessária uma estratégia de formulação adequada para ultrapassar o efeito da baixa solubilidade. Para um composto BCS Classe III, podem ser adoptadas medidas de formulação para aumentar a permeabilidade do fármaco através da membrana gastrointestinal, embora as opções possam ser muito limitadas. Muitas vezes, o desenvolvimento continuado de um composto BCS Classe III depende do facto de a sua baixa biodisponibilidade a partir de uma forma de dosagem devido a uma permeabilidade deficiente ser clinicamente aceitável ou não. Um composto BCS Classe IV apresenta o problema mais difícil para a administração oral. Aqui, a estratégia de formulação está frequentemente relacionada com o aumento da taxa de dissolução para fornecer a concentração máxima do fármaco no local de absorção. No caso de um composto da Classe III, as opções de formulação para aumentar a permeabilidade do fármaco são frequentemente limitadas. Devido à importância da BCS no desenvolvimento da estratégia de conceção da forma de dosagem, é essencial uma classificação precoce dos novos candidatos a fármacos para identificar os seus obstáculos de formulação.

Aplicações farmacêuticas da estratégia de pró-fármacos

Administração oral de medicamentos

No caso dos fármacos administrados por via oral, o epitélio intestinal funciona como barreira física, formando junções celulares estreitas que restringem a administração paracelular de fármacos na circulação sistémica. Consequentemente, os fármacos eficazes devem possuir propriedades físico-químicas óptimas (por exemplo, lipofilicidade, peso molecular suficiente, carga iónica, potencial de ligação de hidrogénio ou conformação estrutural) para se difundirem passivamente através da via transcelular, ou o fármaco deve ter caraterísticas estruturais que lhe permitam ser absorvido por um dos mecanismos de transporte endógenos presentes no epitélio intestinal.

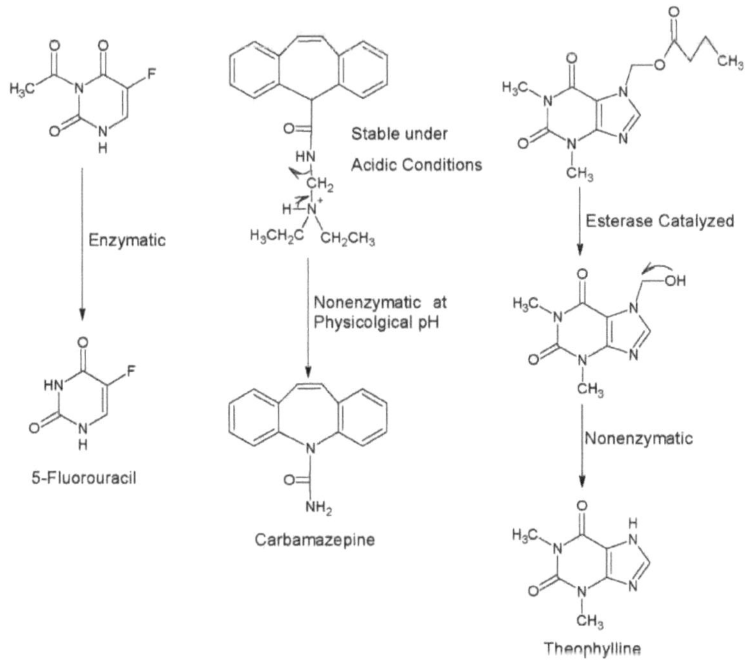

Pró-fármacos derivados de grupos amino e amida e sua bioconversão.

Transporte mediado por transportador

Este meio de transporte é particularmente importante quando os fármacos ou pró-fármacos são polares ou carregados, e a absorção transcelular passiva é negligenciável. Por conseguinte, a orientação para os transportadores da membrana epitelial intestinal tornou-se uma abordagem atractiva para melhorar a biodisponibilidade oral de fármacos pouco absorvidos. Utilizando uma estratégia de derivatização bioreversível de fármacos, um fármaco com baixa permeabilidade membranar é convertido

(1) Drug—O—O—C—R $\xrightarrow[\text{Hydrolysis}]{\text{Enzymatic}}$ Drug—O—OH $\xrightarrow[\text{Hydrolysis}]{\text{Chemical}}$ Drug

(2) Drug—O—O—C—O—R $\xrightarrow[\text{Hydrolysis}]{\text{Enzymatic}}$ Drug—O—O—C—OH

$\downarrow$ Chemical Hydrolysis

Drug $\xleftarrow[\text{Hydrolysis}]{\text{Chemical}}$ Drug—O—OH

Pró-fármacos da ampicilina

Tenofovir; R = H

Tenofovir disoproxetil;

R = ...

Adefovir; R = H

Adefovir dipivoxil;

R = ...

Pró-fármacos de tenofovir e adefovir

Um bom exemplo de um pró-fármaco que explora os transportadores intestinais é o valaciclovir, o éster l-valílico do aciclovir. O aciclovir é um inibidor específico e seletivo da replicação do herpes viral e não é altamente solúvel em lípidos nem em água, com uma biodisponibilidade oral limitada e variável (15 a 21%) que diminui com o aumento das doses.

CAPÍTULO 2
ESTUDOS SOBRE TRIAZÓIS
Estudos sobre triazóis

Introdução:

Muitos dos azóis constituem o sistema de anéis de vários compostos naturais e sintéticos que são importantes para o sistema vivo e também para a síntese de medicamentos importantes, corantes e produtos químicos agrícolas. Os triazóis têm menos de um século de existência e começam com o trabalho de Bladin, que sintetizou os primeiros representantes e cunhou o nome para esta classe de compostos. Embora a maioria dos triazóis seja facilmente preparada e armazenada, os materiais de partida dispendiosos ou os intermediários sensíveis parecem ter desencorajado a síntese industrial e as aplicações alargadas. Os primeiros estudos sobre os triazóis incidiram sobre o isomerismo estrutural. Os métodos instrumentais e teóricos modernos tiveram grande sucesso no tratamento dos problemas tautoméricos, cuja complexidade é um dos encantos duradouros da química dos triazóis. No entanto, alguns problemas estruturais e muitos tautoméricos requerem um estudo mais aprofundado, os estudos cinéticos e outros estudos mecanísticos quantitativos são escassos, a estereoquímica e a fotoquímica do triazol estão praticamente inexploradas.

Os azóis e os seus derivados estão associados a várias actividades biológicas como antifúngico, antibacteriano[1-4] , anti-inflamatório[5-7] ,herbicida[8] , anti-helmíntico[9-11] , depressor do SNC[12-14] , agente antitumoral[15]   ,anticancerígeno[16-18] ,antiparasitário[19]   ,analgésico[20-21] , atividade anticonvalsante[22] , antipirética e anti-hipertensiva[23] . Itoh Manabu *et al.*[24] provaram que o derivado 3-arilamino-1,2,4-triazol (1) é notavelmente estável no soro humano e é um agente farmacêutico altamente promissor.

1

Os triazóis são numerados para indicar as posições relativas dos átomos de azoto,

11

o tetrazol e o pentazol são nomes inequívocos. Os 1,2,3- triazóis são surpreendentemente estáveis, se considerarmos que contêm três átomos de azoto diretamente ligados, mas na pirólise rápida sob vácuo a 500° C perdem azoto para dar *2H-azirinas*, provavelmente *através dos* isómeros *1H*[25,26] .

2   3

Osotriazole   Triazole

pKa (proton added) 1.2 pKa (proton added) 2.2

pKa (proton lost) 9.4   pKa (proton lost) 10.3

Os heteroátomos adicionais tornam estes sistemas menos básicos mas mais ácidos do que os 1,2- e 1,3-azóis comparáveis. Cada um deles está sujeito ao mesmo tipo de tautomerismo que o discutido para os 1,2- e 1,3-azóis, em que os tautómeros são equivalentes, mas também, nestes sistemas, ao tautomerismo que gera arranjos diferentes.

Diferentes rotas para a síntese de triazóis

> Síntese de anéis de triazol a partir de compostos acíclicos

(i) Métodos que utilizam derivados da hidrazina

A facilidade de formação de ligações C-N e C=N, em comparação com a dificuldade de formação de ligações N-N, praticamente prescreve a utilização de hidrazinas na síntese de 1,2,4-triazóis. Para além da hidrazina, a acil-hidrazina, a amidrazona ou a acilamidrazona também podem ser utilizadas para a síntese de análogos de triazóis.

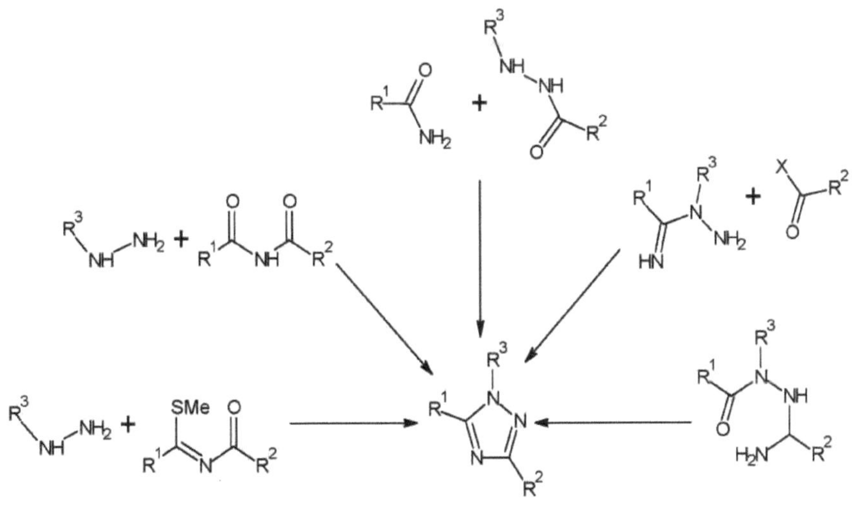

(ii)   Métodos da nitrilimina

Os estudos de Huisgen sobre as cicloadições 1,3-dipolares que conduzem a uma grande variedade de sistemas heterocíclicos são aplicáveis à síntese de triazóis e derivados. As nitriliminas (5) formadas por desidrohalogenação de C-

As halobenzilidenofenil-hidrazonas (4) reagem com C=N, C=N (como no CNO) para produzir triazóis e triazolinas.

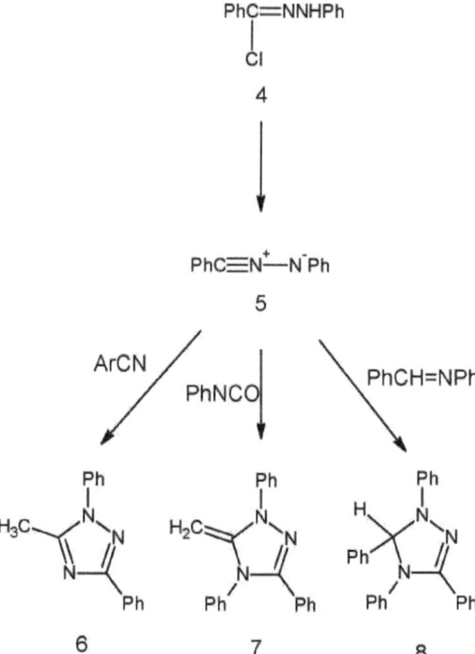

> **Síntese de anéis de triazol a partir de outros sistemas heterocíclicos**

A transformação de outros heterociclos em triazóis implica uma ou mais das seguintes operações:

> **Destruição de anéis não triazólicos**

Os métodos deste tipo são melhor considerados como reacções dos sistemas de anéis fundidos. O exemplo ilustrado no esquema dado é de potencial interesse em farmacologia. A conversão da 1-aminoadenosina (9) no imidazoliltriazol (10) equivale à formação de triazol a partir de um intermediário de amidrazona e de um grupo formilo derivado da porção pirimidina.

R = D-1-ribosyl

9   10

> Nitriliminas Derivadas de Anéis Não-Triazol

As nitriliminas para a preparação de triazóis são frequentemente geradas a partir de tetrazóis ou de derivados de 1,3,4-oxadiazolina (11), que podem ser obtidos por termólise de tetrazóis.

$$Ar - C \equiv \overset{+}{N} - \overset{-}{N} - Ph ------> triazole$$

11

> Condensações Intra-Moleculares^)[7]

(i) Fecho de anéis em meios alcalinos

O fecho do anel de derivados acílicos de semicarbazidas, tiossemicarbazidas ou aminoguanidinas em soluções alcalinas é um método amplamente aplicado para a preparação de s-triazóis. Gehlen[28] referiu que os 3-hidroxi-5-alquil- s-triazóis (12) são produzidos com um rendimento de 40-50% por este método.

$$R' = H, C_6H_5$$

12

(ii) Fecho de anéis em meios ácidos

Em ácido clorídrico concentrado, o tioutazol (13) foi obtido a partir da carbamiltiossemicarbazida[29] (14, R=H), mas

A fenilcarbamil-tiossemicarbazida (14, R=C6H5) é aparentemente transformada   em2-amino-5-hidroxitiadiazóis[30] . A partir de (15) em

ácido clorídrico, obtém-se o 4-aminoditiourazol[31] .

13   14   15

(iii)   Fecho de anéis oxidativos na presença de peróxido

A partir da S-metiltiossemicarbazona do benzaldeído, obtém-se o 3-fenil-5-metil-tio-1,2,4-triazol com um bom rendimento não especificado por oxidação com peróxido[32] .

(iv)   Fecho do anel induzido termicamente

Vários derivados acílicos de semicarbazidas, tiossemicarbazidas e aminoguanidinas transformam-se em *s-triazóis* quando aquecidos.

200°C

16   17

> Rearranjos moleculares

Os *hidroxi-S-triazóis* são obtidos por pirólise de hidrazonas de ácidos piruvil-hidroxâmicos, a reação de Gastald[33] . Numa ilustração da reação, o 1-fenil-3-metil-5-hidroxi-1,2,4-triazol é obtido a partir da fenil-hidrazona do ácido piruvil-hidroxâmico em anidrido propiónico.

18 → (reaction) → 19

$(C_2H_5CO)_2O$

18

19

Shirodkar PY *et al.*[34] sintetizaram diferentes tipos de derivados de 1,2,4-triazol e analisaram a sua atividade antitumoral, tendo-se verificado que eram fracamente citotóxicos. HaydarYukseket *al.*[35] sintetizaram derivados de 4-arilamino-4,5-dihidro-1H-1,2,4-triazol-5-ona e verificaram as propriedades ácidas destes novos compostos potencialmente activos do ponto de vista biológico.

Gadaginamath GS *et al.*[36] sintetizaram triazóis (20) e descobriram que estes apresentam um vasto espetro de actividades biológicas[37-43] . Sintetizaram alguns sistemas heterocíclicos biodinâmicos na posição 5 ligados através da ponte metoxi com vista a preparar biheterociclos para melhorar as actividades biológicas.

20

Jingde Wu *et al.*[44] sintetizaram novos derivados de 4-amino-3-(2-furil)-5- mercapto-1,2,4-triazol (21) como potenciais agentes do VIH-1.

21

Hardtmann GE *et al.*[45] prepararam 1,2,4-triazoloquinazolinas tricíclicas (22) e testaram

17

a sua atividade antibacteriana. Os compostos sintetizados foram também testados quanto à sua atividade anti-inflamatória.

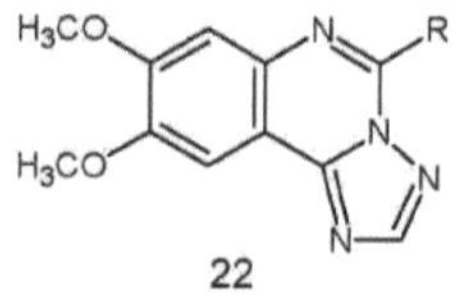

22

R = Cl, H₂C=CH-CH₂O, OCH₃

Svenssonet al.[46] sintetizaram 2,4-dihidro-[1,2,4]triazole-3-tiona (23). Estes compostos são inibidores da enzima mieloperoxidase (MPO), pelo que são particularmente úteis no tratamento ou na profilaxia de doenças neuro-inflamatórias.

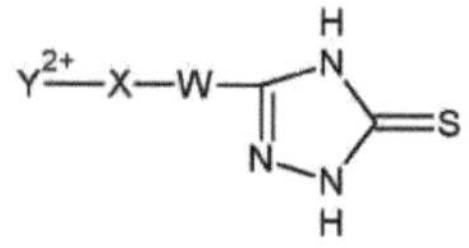

23

W = H, CH₃, F, OH
X = O, CH₂, NR³
Y = Phenyl

Udupi RH *et al.*[47-49] sintetizaram diferentes tipos de derivados de 1,2,4-triazol através do tratamento de hidróxido ácido com KOH/CS2 alcoólico e, posteriormente, com hidróxido ácido e testaram-nos quanto a actividades anti-inflamatórias e analgésicas.

Kane JMet al.[50] sintetizaram derivados de 1,2,4-triazol (24) como potenciais anti-tumorais.

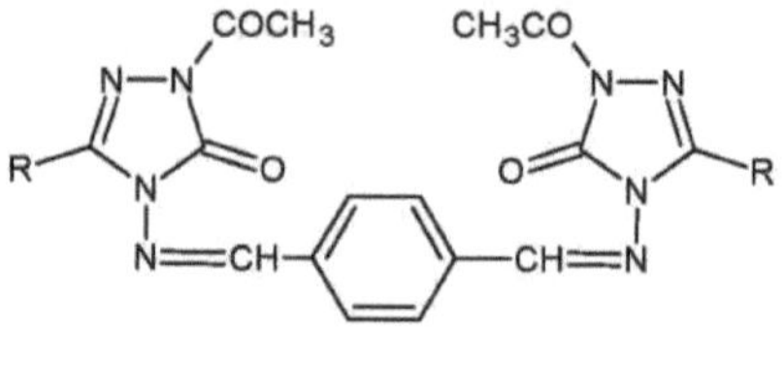

24

R = CH₃, C₂H₅, C₃H₇, etc...

MhasalkarMY *et al.*[51] sintetizaram alguns 3-mercapto 1,2,4-triazóis (25) 5-substituídos, 4-(aril substituído), que mostraram atividade antifúngica. Da mesma forma, o 5 (p-sec-amilfenil) metoxi-3-mercapto 1,2,4-triazol (26) mostrou uma boa atividade antifúngica[52] !.

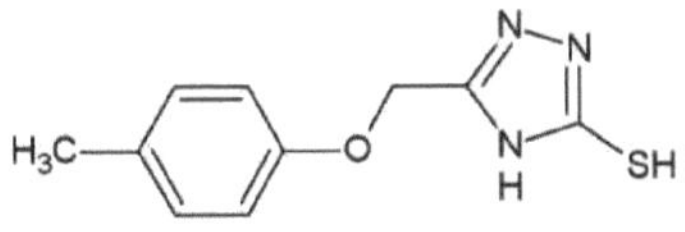

25 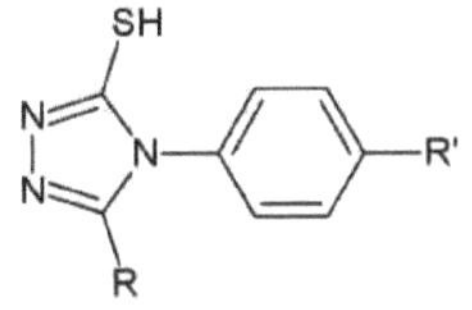   26

R = Aryl groups
R' = Alkyl groups

GoknurAktayetaK ![53]   havesynthesized3-[1-(4-(2-

metilpropil)fenil)etil]-1,2,4-triazole-5-iona (27) e demonstraram que possuem uma atividade anti-inflamatória moderada.

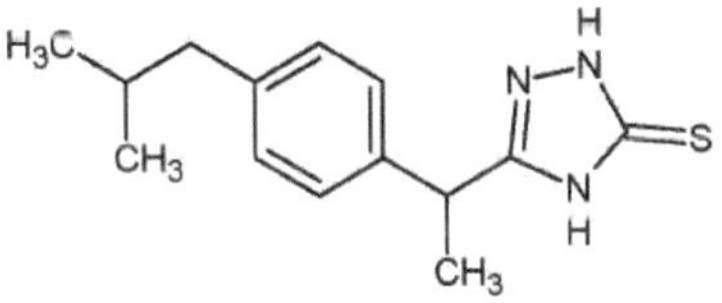

27

Xu LZ *et al.*[54] sintetizaram novos compostos de triazol (28) contendo N,N-dialquilditio-carbamato e testaram a sua atividade biológica.

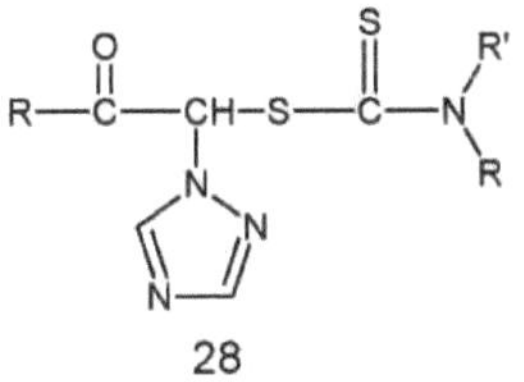

28

R = p-Cl-Ph R' = CH_3, C_2H_5, i - C_3H_7, etc..

Demirbas N *et al.*[55] foram sintetizados uma série de derivados de 1,2,4- triazol (29) e analisados quanto à sua atividade anti-cancro. Mostraram uma atividade terapêutica potente para o tratamento do cancro da mama.

19

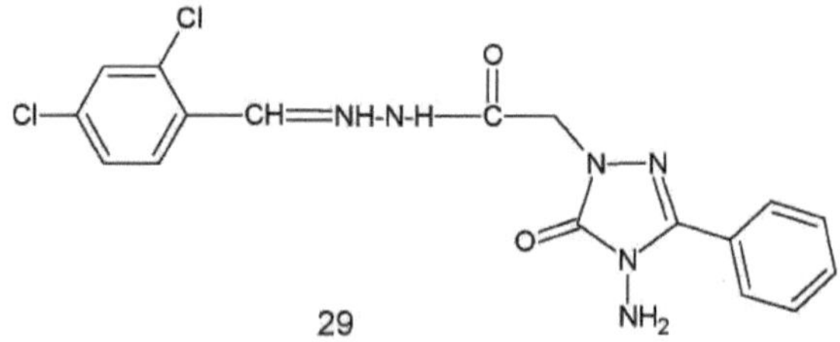

29

El-SayedR<[56]] prepararam uma série de novos derivados de 1,2,4- triazol (30) e analisaram a sua atividade anti-microbiana.

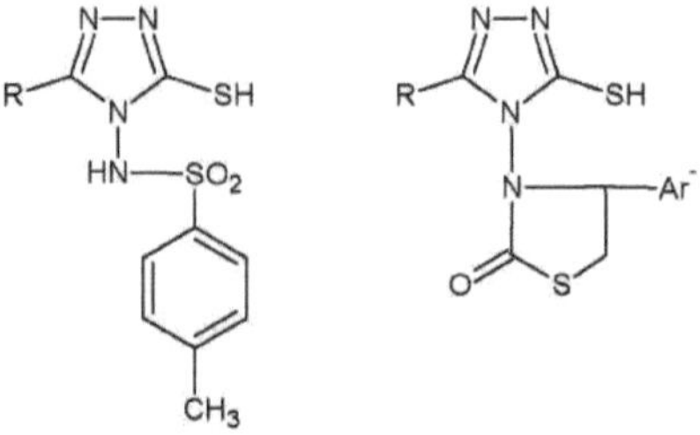

30

Udupi RH *et al.*[57] sintetizaram novos derivados de 1,2,4-triazol (31) a partir de ditiocarbazinatos de potássio e testaram as suas propriedades antibacterianas, antifúngicas, anti-inflamatórias e analgésicas.

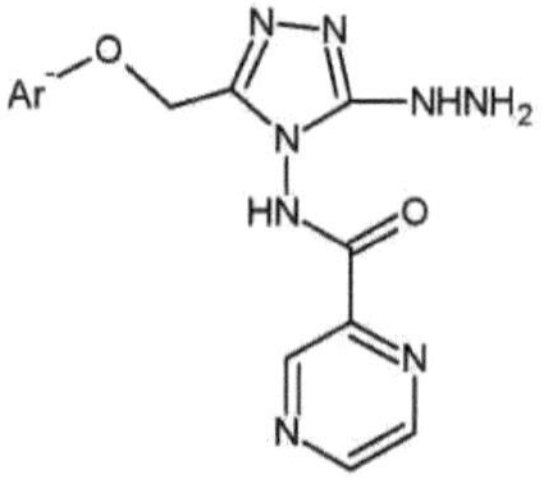

31

Kumar H *et al.*[58] estudaram uma série de derivados de 3-mercepto-(4H)-1,2,4-triazol (32) e testaram a sua atividade analgésica.

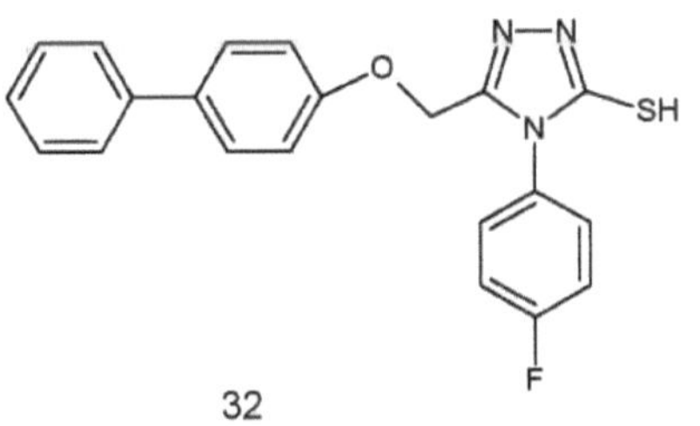

32

SomaniRR[59] > prepararam compostos de 1,2,4-triazol (33). Estes compostos foram submetidos a actividades antifúngicas e anti-TB.

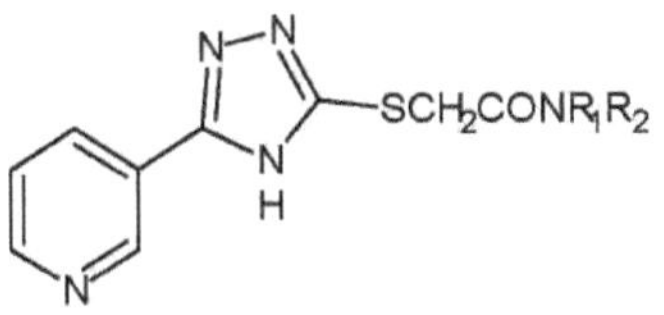

33

1,2,4-triazole-3-thione (34) que foram obtidos por ciclização intramolecular foram sintetizados por Cretu OD *et al.*[60] l.

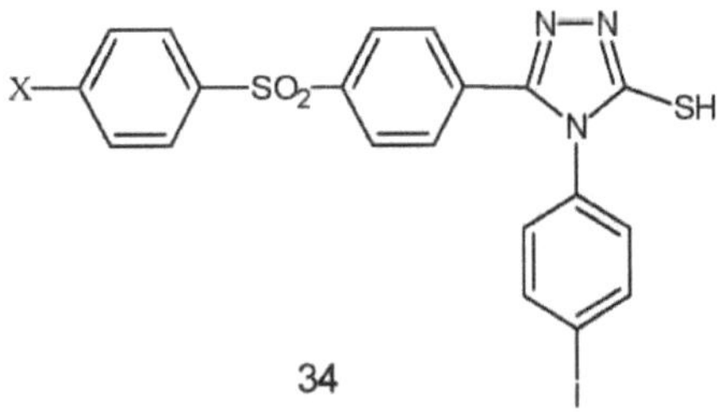

34

Uma série de 5-substituídos-4-amino-1,2,4-triazole-3-tioésteres (35) foi sintetizada por Hasan A *et al.*[61] l Os compostos sintetizados foram avaliados quanto à sua atividade antifúngica *in-vitro*.

$$\text{35}$$

$$R^1 = 4\text{-}NO_2\text{-}C_6H_4,\ 2\text{-}NO_2\text{-}C_6H_4;\ R2 = \text{-}C_6H_5$$

Pattan S *et al.*[62] foram sintetizados compostos de 1,2,4-triazol (36) e todos os compostos obtidos foram avaliados quanto à sua atividade antimicrobiana, antituberculosa e anti-inflamatória.

$$\text{36}$$

A síntese dos seguintes derivados de triazol foi discutida na parte II

Section-I: **(S)-2-[5-(4-(alkyl)acetylamino-phenyl)-2H-[1,2,4]triazol-3-yl-amino]-3-phenyl-propion(alkyl)amide**

Section-II: **(S)-1-(3-(4-(arylidine)amino)phenyl)-1H-1,2,4-triazol-5-yl)-N-(alkyl)pyrrolidine-2-carboxamide**

Section-III: **(S)-3-(1-(alkyl)-1H-indol-3-yl)-2-(2-(alkyl)-5-phenyl-2H-[1,2,4] triazol-3-ylamino)-propionic acid**

A análise espectroscópica e as actividades biológicas destes compostos são discutidas no capítulo III.

Secção - I Preparação da (S)-2-[5-(4-(alquil)acetilamino-fenil)-2H-[1,2,4]triazol-3-ilamino]-3-fenil-propiona(alquil)amida

Tabela: 5

Constante física de (S)-2-[5-(4-(alquil)acetilamino-fenil)-2H-[1,2,4]triazol-3-ilamino]-3-fenil-propiona(alquil)amida

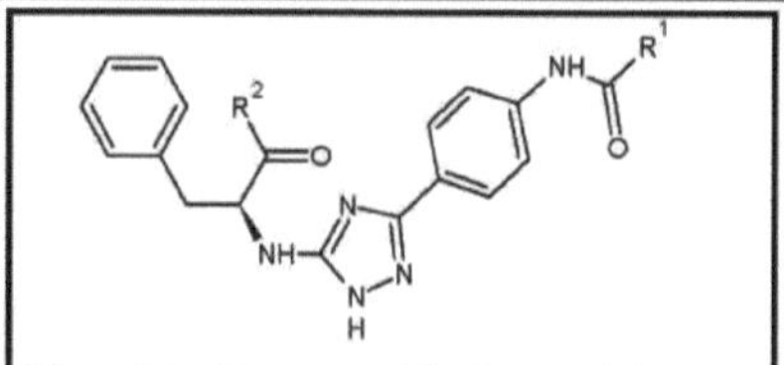

Where, R^1 = Alkyl groups; R^2 = Hetero alkyl groups

Sr. No.	-R^1	-R^2	Formula Molecular	Molecular Weight	M.P. (ºC)	Yield (%)	Elemental analysis					
							% C		% H		% N	
							Req.	Obs.	Req.	Obs.	Req.	Obs.
41	-Me	-OH	$C_{19}H_{19}N_5O_3$	365.38	210-213	85	62.46	62.40	5.24	5.18	19.17	19.11
42	-Me	-NH$_2$	$C_{19}H_{20}N_6O_2$	364.40	188-190	61	62.62	62.57	5.53	5.59	23.06	23.12
43	-Me	-NHMe	$C_{20}H_{22}N_6O_2$	378.42	215-217	64	63.48	63.53	5.86	5.92	22.21	22.17
44	-Me	-N(Me)$_2$	$C_{21}H_{24}N_6O_2$	392.45	193-195	75	64.27	64.20	6.16	6.21	21.41	21.46
45	-Me	-N(Et)$_2$	$C_{23}H_{28}N_6O_2$	420.50	181-183	72	65.69	65.62	6.71	6.76	19.98	19.93
46	-Et	-NHMe	$C_{21}H_{24}N_6O_2$	392.45	197-199	73	64.27	64.32	6.16	6.13	21.41	21.46
47	-Et	-N(Me)$_2$	$C_{22}H_{26}N_6O_2$	406.48	183-185	61	65.01	65.06	6.45	6.48	20.67	20.61
48	-Et	-N(Et)$_2$	$C_{24}H_{30}N_6O_2$	434.53	177-180	68	66.34	66.37	6.96	6.70	19.34	19.38
49	-Pr	-N(Me)$_2$	$C_{23}H_{28}N_6O_2$	420.50	165-167	81	65.69	65.74	6.71	6.76	19.98	19.91
50	-Pr	-N(Et)$_2$	$C_{25}H_{32}N_6O_2$	448.56	157-160	73	66.94	66.98	7.19	7.25	18.74	18.70

Procedimento experimental

Preparação do éster etílico do ácido (S)-2-[3-(4-nitro-benzoil)-tioureido]-3-fenil-propiónico (I)

A uma solução de NH4SCN (0,11 mol) em acetona (50 ml) foi adicionado lentamente cloreto de p-nitro benzoílo (0,1 mol) em condições secas durante 10 minutos. Após a conclusão da adição, a mistura reacional foi mantida em refluxo durante 15 minutos. Uma solução de éster etílico de (S)-fenilalanina (0,1 mol) em acetona (50 ml) foi adicionada à suspensão acima agitada a uma velocidade tal que o refluxo é suave. Após a conclusão da adição, a mistura reacional foi mantida em refluxo durante 30 minutos. A reação foi arrefecida e vertida em água, tendo o sólido branco resultante sido separado por filtração. O sólido foi recristalizado em etanol, obtendo-se o composto puro (I) com um rendimento de 86%. Ana Obs C-56,80%, H-4,84%, N- 10,41%; Calc. para C19H19N3O5S:C-56,85%, H-4,77%, N-10,47%

Preparação do éster etílico do ácido (S)-2-{1-[(E)-4-nitro-benzoilimino]-etilamino}-3-fenil-propiónico (II)

Uma mistura de éster etílico do ácido (S)-2-[3-(4-nitro-benzoil)-tioureido]-3-fenil-propiónico (I) (0,08 mol), iodeto de metilo (0,1 mol) e K2CO3 anidro (0,12 mol) em DMF (200 ml) foi agitada à temperatura ambiente durante 1 h. A mistura reacional foi vertida em água (500 ml) com agitação. O sólido esbranquiçado resultante foi filtrado, lavado com água e seco para obter o composto (II) com um rendimento de 73 %. Ana Obs: C-62,60%, H-5,57%, N-10,90%; Calc. para C20H21N3O5: C-62,65%, H-5,52%, N-10,96%.

Preparação do éster etílico do ácido (S)-2-[5-(4-nitro-fenil)-2H-[1,2,4]triazol-3-ilamino]-3- fenil-propiónico (III)

A uma solução de éster etílico do ácido (S)-2-{1-[(E)-4-nitro-benzoilimino]-etilamino}-3-fenil-propiónico (II) (0,05 mol) e hidrato de hidrazina (0,11 mol) em etanol (100 ml) refluxou-se durante 2 h. A reação foi arrefecida e vertida em água, tendo o sólido esbranquiçado resultante sido separado por filtração, dando o composto puro (III) com um rendimento de 76 %. Ana Obs: C-59,80%, H- 5,09%, N-18,30%.; Calc. para C19H19N5O4: C-59,84%, H-5,02%, N-18,36%.

Preparação do éster etílico do ácido (S)-2-[5-(4-amino-fenil)-2H-[1,2,4]triazol-3-ilamino]-3-fenil-propiónico (IV)

Agitou-se durante 2-3 h uma solução de éster etílico do ácido (S)-2-[5-(4-nitro-fenil)-2H-[1,2,4]triazol-3-ilamino]-3-fenil-propiónico (III) (0,04 mol) e pó de ferro (8,0 g) em ácido acético (160 ml). A reação foi diluída com água (1000 ml) e basificada até pH 7,0-8,0 por adição de NaOH a 10% e extraída com acetato de etilo (1000 ml). A camada de acetato de etilo foi lavada com água (500 ml x 2), seca e evaporada sob vácuo, obtendo-se um sólido castanho claro como composto (IV) com um rendimento de 76%. Ana Obs: C- 64,90%, H-6,09%, N-19,88%; Calc. para C19H21N5O2: C-64.94%, H-6.02%, N-19.93%.

Preparação do éster etílico do ácido (S)-2-[5-(4-acetilamino-fenil)-2H-[1,2,4]triazol-3-ilamino]-3-fenil-propiónico (V)

Agitou-se a 10-15º C uma solução de éster etílico do ácido (S)-2-[5-(4-amino-fenil)-2H-[1,2,4]triazol-3-iamino]-3-fenil-propiónico(IV) (8,5 mmol), TEA (17,0 mmol) em diclorometano (30 ml). Adicionou-se cloreto de acetilo (10,2 mmol) e agitou-se durante 4-5 h. A mistura de reação foi diluída com diclorometano (1500 ml) e lavada com água (100 ml x 2). A camada orgânica foi seca e evaporada completamente sob vácuo, dando origem a um sólido branco como composto (V) com um rendimento de 81,0 %. Ana Obs: C-64,16%, H-5,83%, N-17,86%; Calc. para C21H23N5O3: C-64.11%, H-5.89%, N-17.80%.

Preparação do ácido (S)-2-[5-(4-acetilamino-fenil)-2H-[1,2,4]triazol-3-ilamino]-3-fenil-propiónico (VI) (SAI - 41)

Uma solução de éster etílico do ácido (S)-2-[5-(4-acetilamino-fenil)-2H-[1,2,4]triazol-3-ilamino]-3-fenil-propiónico (V) (0,02 mol) em metanol (100 ml) foi agitada à temperatura ambiente. HCl diluído. O sólido foi separado por filtração, lavado com água (100 ml) e seco por sucção. O sólido foi seco até à obtenção de um sólido branco como composto 41 com um rendimento de 85 %. Ana Obs: C-62,40%, H-5,18%, N-19,11%; Calc. para C19H19N5O3: C-62.46%, H-5.24%, N-19.17%.

Preparação de (S)-2-[5-(4-acetilamino-fenil)-2H-[1,2,4]triazol-3-ilamino]-3-fenil-propionamida (VII) (SAI - 42)

Uma solução de ácido (S)-2-[5-(4-acetilamino-fenil)-2H-[1,2,4]triazol-3-ilamino]-3-fenil-propiónico (1,3 mmol (VI) em cloreto de tionilo (2 ml) foi refluxada sob agitação durante 1 h. O cloreto de tionilo foi removido sob vácuo e o resíduo diluído com THF (10 ml). Adicionou-se amoníaco aquoso (5 ml) à solução acima referida, sob agitação, a 0-5° C. e agitou-se à temperatura ambiente durante 1 h. A mistura reacional foi diluída com água, o sólido separado foi filtrado e lavado com água. O produto sólido foi recristalizado a partir de etanol aq. a 90%, dando origem a um sólido branco como o composto 42, com um rendimento de 61%. Ana Obs: C- 62,57%, H-5,59%, N-23,12%; Calc. para C19H20N6O2: C-62.62%, H-5.53%, N-23.06%.

A monitorização da reação e a pureza dos compostos foram verificadas por TLC em folha de alumínio de sílica gel 60 F245 (E.Merck) utilizando hexano-acetato de etilo (5:5 V/V) e metanol-clorofórmio (2:8 V/V) como fase móvel e visualizadas sob luz UV a 254 nm.

Outros compostos da série **(SAI - 43 a 50)** foram preparados utilizando um método semelhante e os seus dados físicos estão registados na **Tabela-5.**

Secção - II

Preparação de (S)-1-(3-(4-(arilidina)amino)fenil)-1H-1,2,4-triazol-5-il)-N-(alquil)pirrolidina-2-carboxamida

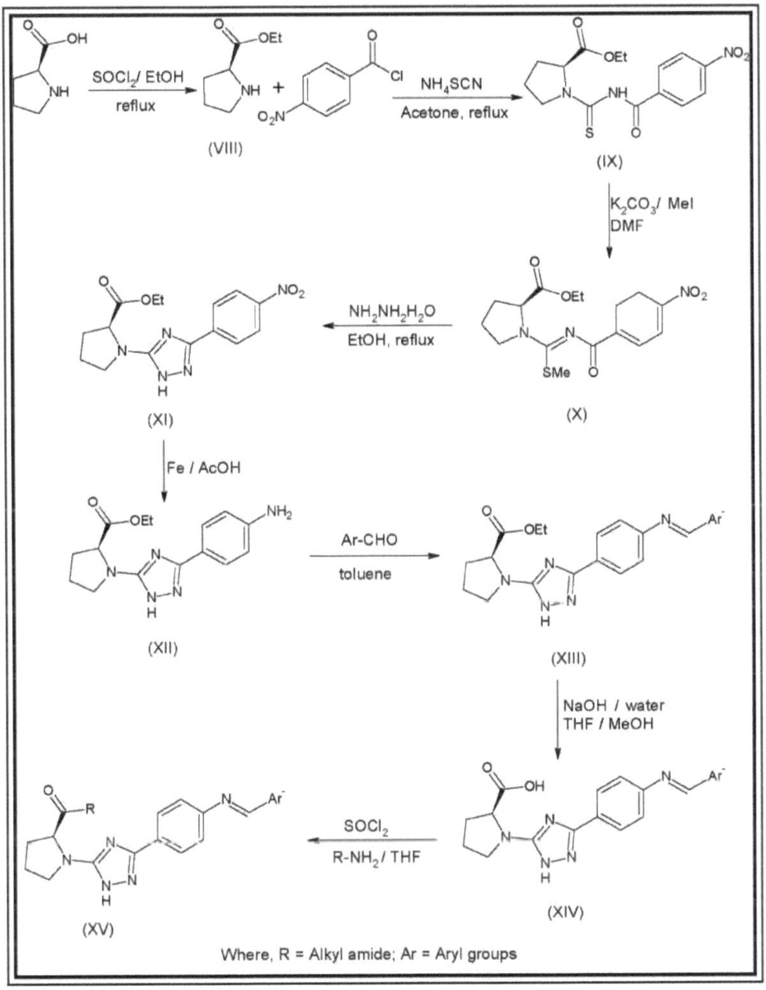

Tabela: 6

Constante física da (S)-1-(3-(4-((arilidina)amino)fenil)-1H-1,2,4-triazol-5-il)-N-(alquil)pirrolidina-2-carboxamida

Where, R = Alkyl amide; Ar = Aryl groups

Sr. No.	-R	-Ar	Formula Molecular	Molecular Weight	M.P. (°C)	Yield (%)	% C		% H		% N	
							Req.	Obs.	Req.	Obs.	Req.	Obs.
51	-NH$_2$	-Ph	C$_{20}$H$_{20}$N$_6$O	360.41	273-275	70	66.65	66.69	5.59	5.64	23.32	23.35
52	-NHMe	-Ph	C$_{21}$H$_{22}$N$_6$O	374.43	267-269	77	67.36	67.41	5.92	5.86	22.44	22.49
53	-NHEt	-Ph	C$_{22}$H$_{24}$N$_6$O	388.46	253-256	65	68.02	68.11	6.23	6.18	21.63	21.69
54	-NHPr	-Ph	C$_{23}$H$_{26}$N$_6$O	402.49	250-253	73	68.63	68.69	6.51	6.57	20.88	20.81
55	-NHMe	-Ph-4-Cl	C$_{21}$H$_{21}$ClN$_6$O	408.88	218-219	69	61.69	61.64	5.18	5.23	20.55	20.48
56	-NHEt	-Ph-4-Cl	C$_{22}$H$_{23}$ClN$_6$O	422.91	211-214	70	62.48	62.42	5.48	5.53	19.87	19.82
57	-NHPr	-Ph-4-Cl	C$_{23}$H$_{25}$ClN$_6$O	436.94	205-207	66	63.22	63.27	5.77	5.71	19.23	19.27
58	-NMe$_2$	-Ph-4-Cl	C$_{22}$H$_{23}$ClN$_6$O	422.91	177-179	62	62.48	62.53	5.48	5.53	19.87	19.83
59	-NHEt	-Tol.	C$_{23}$H$_{26}$N$_6$O	402.49	180-182	71	68.63	68.67	6.51	6.44	20.88	20.83
60	-NMe$_2$	-Tol.	C$_{23}$H$_{26}$N$_6$O	402.49	171-174	68	68.63	68.67	6.51	6.45	20.88	20.93

Procedimento experimental

Preparação do cloridrato de éster etílico do ácido (S)-pirrolidina-2-carboxílico (VIII)

Uma solução de ácido (S)-pirrolidina-2-carboxílico (0,173 mol) e etanol (100 ml) foi agitada a 0-5º C. Adicionou-se lentamente cloreto de tionilo (0,346 mol) e refluxo sob agitação durante 3 h. O solvente foi completamente evaporado, adicionou-se hexano (100 ml) ao resíduo e filtrou-se para obter o composto (VIII) com um rendimento de 85 %.

Preparação do éster etílico do ácido (S)-1-(4-nitro-benzoilaminocarbotiol)-pirrolidina-2-carboxílico (IX)

A uma solução de NH4SCN (0,219 mol) em acetona (130 ml) foi adicionado lentamente cloreto de 4-nitro benzoílo (0,240 mol) em condições secas durante 10 minutos. Após a conclusão da adição, a mistura reacional foi mantida em refluxo durante 15 minutos. Uma solução de cloridrato de éster etílico do ácido (S)-pirrolidina-2-carboxílico (VIII) (0,182 mol) em acetona (130 ml) foi adicionada à suspensão acima agitada a uma velocidade que refluxa suavemente. Após a conclusão da adição, a mistura reacional foi mantida em refluxo durante 30 minutos. A reação foi arrefecida e vertida em água (600 ml), tendo o sólido branco resultante sido separado por filtração. O sólido foi recristalizado em etanol, obtendo-se o composto puro (IX) com um rendimento de 76%. Ana Obs: C-51,21%, H-4,94%, N-11,91%; Calc. para $C_{15}H_{17}N_3O_5S$: C-51.27%, H-4.88%, N-11.96%.

Preparação do éster etílico do ácido (S)-1-{metilsulfanil-[4-nitro-benzoilimino]-metil}-pirrolidina-2-carboxílico (X)

Uma mistura de éster etílico do ácido (S)-1-(4-nitro-benzoilaminocarbotiol)-pirrolidina-2-carboxílico (IX) (0,111 mol), iodeto de metilo (31,3 g, 0,222 mol) e K2CO3 anidro (0,166 mol) em DMF (200 ml) foi agitada à temperatura ambiente durante 1 h. A mistura de reação foi vertida em água (900 ml) com agitação. O sólido esbranquiçado resultante foi filtrado, lavado com água e seco para obter o composto (X) com um rendimento de 71%. Ana Obs: C-52,51%, H-5,29%, N-11,57%; Calc. para $C_{16}H_{19}N_3O_5S$: C-52.59%, H-5.24%, N-11.50%.

Preparação do éster etílico do ácido (S)-1-[5-(4-nitro-fenil)-2H-[1,2,4]triazol-3-il]-pirrolidina-2-carboxílico (XI)

Uma solução de éster etílico do ácido (S)-1-{metilsulfanil-[4-nitro-benzoiliminino]-metil} pirrolidina 2 carboxílico (X) (0,076 mol) e hidrato de hidrazina (5 ml) em etanol (200 ml) foi refluxada durante 2 h. A reação foi arrefecida e vertida em água, tendo o sólido esbranquiçado resultante sido separado por filtração, dando o composto puro (XI) com um rendimento de 68 %. Ana Obs: C-54,32%, H-5,23%, N-21,19%; Calc. para $C_{15}H_{17}N_5O_4$: C-54,38%, H-5,17%, N-21,14%.

Preparação do éster etílico do ácido (S)-1-[5-(4-amino-fenil)-2H-[1,2,4]triazol-3-il]-pirrolidina-2-carboxílico (XII)

Agitou-se durante 2-3 h uma solução de éster etílico do ácido (S)-1-[5-(4-nitro-fenil)-2H-[1,2,4]triazol-3-il]-pirrolidina-2-carboxílico (XI) (0,051 mol) e pó de ferro (10,0 g) em ácido acético (170 ml). A reação foi diluída com água (500 ml) e basificada até pH 7,0-8,0 por adição de NaOH a 10% e extraída com acetato de etilo (500 ml). A camada de acetato de etilo foi lavada com água (200 ml x 2), seca e evaporada sob vácuo, obtendo-se um sólido castanho claro como composto (XII) com um rendimento de 79%. Ana Obs: C-59.85%, H- 6.31%, N-23.29%; Calc. para $C_{15}H_{19}N_5O_2$: C-59.79%, H-6.36%, N-23.24%.

Preparação do éster etílico do ácido (S)-1-[5-(4-{[1-fenil-metilideno]-amino}-fenil)-2H-[1,2,4]triazol-3-il]-pirrolidina-2-carboxílico (XIII)

A uma solução de éster etílico do ácido (S)-1-[5-(4-amino-fenil)-2H-[1,2,4]triazol-3-il]-pirrolidina-2-carboxílico (XII) (0,016 mol) em tolueno (50 ml) foi adicionado benzaldeído (0,019 mol). A mistura reacional foi submetida a refluxo sob condensador de Dean Stark para remover a água. A massa reacional foi arrefecida à temperatura ambiente e o sólido foi separado por filtração para dar um sólido amarelo como composto (XIII) com um rendimento de 76%. Ana Obs: C-67,89%, H- 5,90%, N-17,92%; Calc. para $C_{22}H_{23}N_5O_2$: C-67.85%, H-5.95%, N-17.98%.

Preparação do ácido (S)-1-[5-(4-{[1-fenil-metilideno]-amino}-fenil)-2H- [1,2,4]triazol-3-il]-pirrolidina-2-carboxílico (XIV)

Uma solução de éster etílico do ácido (S)-1-[5-(4-amino-fenil)-2H-[1,2,4]triazol-3-il]-pirrolidina-2-carboxílico (XIII) (0,011 mol) em THF (5 ml) e metanol (5 ml) foi agitada à temperatura ambiente. HCl diluído. O sólido foi separado por filtração, lavado com água (50 ml) e seco por sucção. O sólido foi seco até à obtenção de um sólido branco como composto (XIV) com um rendimento de 81%. Ana Obs: C-66,41%, H-5,36%, N-19,31%; Calc. para $C_{20}H_{19}N_5O_2$: C-66.47%, H-5.30%, N-19.38%.

Preparação   (S)-1-(3-(4-(benzilidenoamino)fenil)-1H-1,2,4-triazol-5-il)-N-metil pirrolidina-2-carboxamida(XV) (SAₙ - 51)

Uma solução de ácido (S)-1-[5-(4-{[1-fenil-metilideno]-amino}-fenil)-2H-[1,2,4]triazol-3-il]-pirrolidina-2-carboxílico (2,21 mmol) em cloreto de tionilo (2 ml) foi colocada em refluxo sob agitação durante 1 h. O cloreto de tionilo foi removido sob vácuo e o resíduo diluído com THF (5 ml). Adicionou-se uma solução aquosa de amoníaco (2 ml) à solução acima referida, sob agitação, a 0-5° C, e agitou-se à temperatura ambiente durante 1 h. A mistura reacional foi diluída com água, o sólido separado foi filtrado e lavado com água. O produto sólido foi recristalizado a partir de etanol aq. a 90%, dando origem a um sólido branco como composto 51 com um rendimento de 61%. Ana Obs: 66,69, H-5,64%, N-23,35%; Calc. para $C_{20}H_{20}N_6O$: C-66.65%, H-5.59%, N-23.32%.

A monitorização da reação e a pureza dos compostos foram verificadas em TLC de folha de alumínio de sílica gel 60 F245 (E.Merck) utilizando hexano-acetato de etilo (5:5 V/V) e metanol-clorofórmio (2:8 V/V) como fase móvel e visualizadas sob luz UV a 254 nm.

Outros compostos da série (SAₙ - **52 a 60**) foram preparados utilizando um método semelhante e os seus dados físicos estão registados na **Tabela-6**.

Secção-III

Preparação do ácido (S)-3-(1-(alquil)-1h-indol-3-il)-2-(2-(alquil)-5-fenil-2H-[1,2,4]triazol-3-ilamino)-propiónico

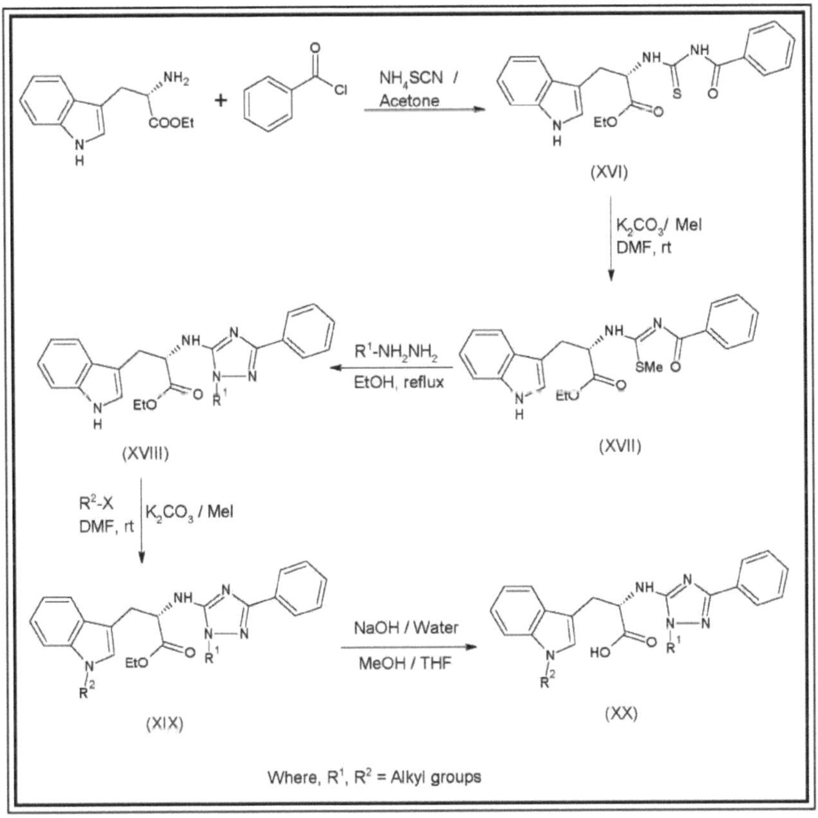

Tabela: 7

Constante física de (S)-3-(l-(alquil)-lH-indol-3-il)-2-(2-(alquil)-5-fenil-2H-[l,2,4]triazol-

ácido 3-ilamino)-propiónico

Where, R^1, R^2 = Alkyl groups

Sr. No.	-R^1	-R^2	Formula Molecular	Molecular Weight	M.P. (°C)	Yield (%)	Elemental analysis					
							% C		% H		% N	
							Req.	Obs.	Req.	Obs.	Req.	Obs.
61	-Me	-Me	$C_{21}H_{21}N_5O_2$	375.42	171-173	68	67.18	67.12	5.64	5.72	18.64	18.69
62	-Me	-Et	$C_{22}H_{23}N_5O_2$	389.45	169-171	71	67.85	67.91	5.95	5.90	17.98	18.02
63	-Me	-Pr	$C_{23}H_{25}N_5O_2$	403.47	158-161	64	68.47	68.53	6.25	6.31	17.36	17.41
64	-Me	-iPr	$C_{23}H_{25}N_5O_2$	403.47	146-149	71	68.47	68.53	6.25	6.31	17.36	17.41
65	-Et	-Me	$C_{22}H_{23}N_5O_2$	389.45	161-163	69	67.85	67.91	5.95	5.88	17.98	17.90
66	-Et	-Et	$C_{23}H_{25}N_5O_2$	403.47	155-157	59	68.47	68.54	6.25	6.29	17.36	17.28
67	-Et	-nPr	$C_{24}H_{27}N_5O_2$	417.50	151-154	63	69.04	69.00	6.52	6.58	16.77	16.71
68	-Et	-nBu	$C_{25}H_{29}N_3O_2$	431.53	145-147	58	69.58	69.50	6.77	6.71	16.23	16.17
69	-Pr	-Me	$C_{23}H_{25}N_5O_2$	389.45	167-169	71	68.47	68.41	6.25	6.19	17.36	17.28
70	-Pr	-Et	$C_{24}H_{27}N_5O_2$	417.50	151-153	69	69.04	69.11	6.52	6.58	16.77	16.70

Procedimento experimental

Preparação do éster etílico do ácido (S)-2-(3-benzoil-tioureido)-3-(1H-indol-3-il)-propiónico (XVI)

A uma solução de NH4SCN (0,103 mol) em acetona (100 ml) foi adicionado lentamente cloreto de benzoílo (0,103 mol) em condições secas durante 10 minutos. Após a conclusão da adição, a mistura reacional foi mantida em refluxo durante 15 minutos. Uma solução de éster etílico do ácido (S)-2-amino-3-(1H-indol-3-il)-propiónico (20 g, 0,086 mol) em acetona (200 ml) foi adicionada à suspensão acima agitada a uma velocidade tal que o refluxo é suave. Após a conclusão da adição, a mistura reacional foi mantida em refluxo durante 30 minutos. A reação foi arrefecida e vertida em água (500 ml), tendo o sólido branco resultante sido separado por filtração. O sólido foi recristalizado em etanol, obtendo-se o composto puro (XVI) com um rendimento de 76%. Ana Obs: C- 63,72%, H-5,39%, N-10,57%; Calc. para c21H21N3O3S: C-63.78%, H- 5.35%, N-10.62%.

32

Preparação de   (S)-2-(3-benzoil-2-metil-isotiourreido)-3-(1H-indol-3-il)-éster etílico do ácido propiónico (XVII)

Uma mistura de éster etílico do ácido (S)-2-(3-benzoil-tioureido)-3-(1H-indol-3-il)-propiónico (XVI) (25,0 g, 0,063 mol), iodeto de metilo (17,7 g, 0,126 mol) e K2CO3 anidro (13,04 g, 0,094 mol) em DMF (100 ml) foi agitada à temperatura ambiente durante 1 h. A mistura reacional foi vertida em água (500 ml) com agitação. O sólido esbranquiçado resultante foi filtrado, lavado com água e seco para obter o composto (XVII) com um rendimento de 77%. Ana Obs: C-64,59%, H-5,60%, N-10,21%; Calc. para C22H23N3O3S: C- 64,53%, H-5,66%, N-10,26%.

Preparação do éster etílico do ácido (S)-3-(1H-Indol-3-il)-2-(2-metil-5-fenil-2H-[1,2,4]triazol-3-ilamino)-propiónico (XVIII)

A uma solução de éster etílico do ácido (S)-2-(3-benzoil-2-metil-isotiourreido)-3-(1H- indol-3-il)-propiónico (XVII) (0,012 mol) e hidrato de metil-hidrazina (2 ml) em etanol (50 ml) refluxou-se durante 2 h. A reação foi arrefecida e vertida em água, tendo o sólido esbranquiçado resultante sido separado por filtração, dando o composto puro (XVIII) com um rendimento de 83 %. Ana Obs: C-67,91%, H-5,90%, N-17,93%; Calc. para C22H23N5O2: C- 67.85%, H-5.95%, N-17.98%.

Preparação do éster etílico do ácido (S)-3-(1-metil-1H-indol-3-il)-2-(2-metil-5-fenil-2H-[1,2,4]triazol-3-ilamino)-propiónico (XIX)

A uma solução de éster etílico do ácido (S)-3-(1H-indol-3-il)-2-(2-metil-5-fenil-2H- [1,2,4]triazol-3-ilamino)-propiónico (XVIII) (2,48 mmol) em DMF (5 ml) foi adicionado K2CO3 (3,78 mmol). Adicionou-se iodeto de metilo (3,72 mmol) e a massa reacional foi agitada a 60-65º C durante 1 h. Adicionou-se água (20 ml) e extraiu-se com acetato de etilo (20 ml). A camada orgânica foi separada e lavada com água (10 ml), seca sobre sulfato de sódio e evaporada completamente para dar o resíduo como composto (XIX) com um rendimento de 81,0 %. Ana Obs: C-68,41%, H-6,29%, N- 17,30%; Calc. para C23H25N5O2: C-68.47%, H-6.25%, N-17.36%.

Preparação   do   ácido   (S)-3-(1-metil-1H-indol-3-il)-2-(2-metil-5-fenil-2H-[1,2,4]triazol-3-ilamino)-propiónico (XX) (SAIII - 51)

A uma solução de éster etílico do ácido (S)-3-(1-metil-1H-indol-3-il)-2-(2-

metil-5-fenil-2H-[1,2,4]triazol-3-ilamino)-propiónico (XIX) (1,98 mmol), THF (2 ml) e metanol (2 ml) foi adicionada uma solução de NaOH a 50% (1 ml). A mistura reacional agita-se à temperatura ambiente durante 3 h e o solvente é removido sob vácuo após 3 h. Adiciona-se água ao resíduo e acidifica-se a pH 4-5 por adição de solução diluída de HCl. solução diluída de HCl. O sólido foi separado por filtração, lavado com água e seco para obter um sólido branco como o composto 61 com um rendimento de 68%. Ana Obs: C-67.12%, H-5.72%, N- 18.69%; Calc. para $C_{21}H_{21}N_5O_2$: C-67.18%, H-5.64%, N-18.64%.

A monitorização da reação e a pureza dos compostos foram verificadas por TLC em folha de alumínio de sílica gel 60 F245 (E.Merck) utilizando hexano-acetato de etilo (5:5 V/V) e metanol-clorofórmio (2:8 V/V) como fase móvel e visualizadas sob luz UV a 254 nm.

Outros compostos da série (SAIII - **62 a 70**) foram preparados utilizando um método semelhante e os seus dados físicos estão registados na **Tabela-7**.

Referências

1.   Joshi KC, Jain R, Dandia A, Sharma K, Ind. J. Chem., **1989,**28(B), 698.

2.   Purohit M, Srivastava SK, J. Ind. Chem. Soc., **1991,**68, 168.

3.   Desai PS, Desai KR, J. Ind. Chem. Soc., **1993,**70, 175.

4.   Purohit M, Srivastava SK, Ind. J. Pharm. Sci., **1993,**54, 25.

5.   Sawhney SN, DharamVir, Gupta A, Ind. J. Chem., **1990,**29(B), 1107.

6.   Goro T, Kaichiro Y, Yoshihiko K, Hiroshi O, Hajime K, Keizo I, J. Med. Chem., **1980,**23, 734.

7.   Kumar V, Reddy M, Indian Drugs, **1985,**23, 98.

8.   Ware GW, Freeman WA, Chem. Abstr., **1978,**88.

9.   Bhaduri AP, Visen KS, Mishra A, Gupta S, Sen AB, J. Med. Chem., **1984,** 27, 1083.

10.   Sharma S, Choerles ES, Proc. Drug Res., **1982,**26, 9.

11. Shamm AM, Seth M, Bhaduri AP, Ind. J. Chem., **1986,**25(B), 395.

12. Nagar S, Augony TK, Parmar SS, J. Pharma Sci., **1973,**62, 178.

13. Singh SP, Augony TK, Parmar SS, J. Pharma Sci., **1974,**63, 960.

14. Dubey R, Sayed A, Katiyar JC, J. Med. Chem., **1985,**28, 1748.

15. Lalezari I, Gomez LA, Khorshid M, J. Hetero. Chem., **1990,**27, 687.

16. Bennet L, Baker HI, J. Org. Chem., **1957,**22, 707.

17. Nishio H, Yamamota I, Kaziya K, Han OK, Chem. Pharm. Bull, **1969,** 17, 539.

18. El-Dawy MA, Hozzoa AB, J. Pharm Sci., **1983,**72, 45.

19. Yomanka H, Sakamoto Y, Shiozawa A, Adacjo I, Chem. Abstr.,**1979,**91, 47525.

20. Wamhoff H, Comprehensive Heterocyclic Chem. Pergamon Press, Oxford, **1984,** 5, 788.

21. Bochi RJ, Chabala JC, Fischer MH, Chem. Abstr., **1986,**104, 19592.

22. Parmar SS, Gupta AK, Slngh HH, Gupta TK, J. Med. Chem., **1972,**15, 999.

23. Meyer WE, Toncufick AS, Marqui H, J. Med. Chem, **1989,** 32, 593.

24. Itoh M, Ohta M, Miyazaki Y, Sawama Y, Matsumoto S, Yamasaki F, **2007,**Patente n.º: WO2007088895.

25. Joule JA, Mills K, Hetero. Chem.,**2000,**504.

26. Terrett NK, Gardner M, Gordon DW, Kobylecki RJ, Steele J,Tetrahedron,**1995,**51, 8135.

27. Boyer JH, Heterocyclic compounds, Departamento de Química, Universidade de Tulane.

28. Gehlen, Ann. Chem.,**1949,**563, 185.577, 237,**1954.**

29. Freund, Ber.,**1896,** 29, 283. 29, 2506, **1896.**

30. Michael, J. Prkt. Chem., **1899,** 2(60), 292.

31.   GuhaD, J. Ind. Chem. Soc.,**1924,**1, 141.

32.   Chakravorty D, J. Ind. Chem. Soc., **1930,**7, 875.

33.   Gastaidi, Gazz. Chim.Ital.,**1923,**53(629), 635.

34.   Shirodker PY, Prasanna AD, Panikkar KR, Ind. J. Chem, **2003,** 42(B), 690.

35.   Haydar Y, Muzaffer A, Zafer OC, Sule B, Mirac O, Mustafa O, Ind. J. Chem., **2004,** 43(B), 1527.

36.   Gadaginamath GS, Kamat AG, Ind. J. Chem.,**1994,**33(B), 544.

37.   Ramlingam T, Deshmukh AA, Sattur PB, Sheth VK, Naik SR, J.Ind. Chem. Soc.,**1981,**58, 269.

38.   Sengupta AK, Srivastava N, Gupta AA, Ind. J. Chem, **1982,** 21(B), 793.

39.   Kachroo PL, Gupta R, Gupta SC, Gupta AK, Natl. Acad Sci. Lett.,**1991,**13, 125;Chem. Abstr.,**1991,**115, 49539q .

40.   Pesson M,Chem. Abstr.,**1963,**59, 64422n.

41.   Hiremath SP, Gouder NN, Purohit MG, Ind. J. Chem.,**1982,**21(B), 321.

42.   Omodei-sale A, Galliani G, Pietro C, J. Med. Chem., **1983,**26, 1187.

43.   Kane JM, Baron BM, Dudley MW, Sorensen SM, Staeger MA, Miller FP, J. Med. Chem.,**1990,**33, 2772.

44.   Jingde W, Xinyong L, Xianchao C, Yuan C, Defeng W, Molecules.**2007,**12,2003.

45.   Hardmann GE, Kathawala FG, Chem. Abstr.,**1978,**88, 22970k.

46.   Svensson, Patente dos EUA n.º 2007/0093483 A1. **2007.**

47.   Udupi RH, Rajeeva B, Ramachandra SS, Srinivasula N, PashaTY, Sunil B, Bhat AR, Ind. J. Heterocyclic Chem, **2004,** 13, 229.

48.   Udupi RH, Rajeeva B, Ramachandra SS, Srinivasula N, Pasha TY, Sunil B, Bhat AR, Ind. J. Heterocyclic Chem, **2004,** 13, 233.

49.   Udupi RH, Rajeeva B, Ramachandra SS, Srinivasula N, Pasha TY, Sunil B, Bhat AR, Ind. J. Heterocyclic Chem, **2004,** 13, 237.

50. Kane JM, Baron MB, Dudely MW, Sorensen SM, Staeger MA, Miller FA, J. Med. Chem.,**1990,**33, 2772.

51. Mhasalkar MY, Shah MH, Nikam ST, J. Med. Chem.,**1971,**14, 260.

52. Mishra RK, Tiwari RK, Bahel SC, J. Ind. Chem. Soc., **1991,**68, 110.

53. Goknut A, Birsen T, Mevlut E, Arch. Pharm. Res.,**2005,**28(4), 438.

54. Xu LZ, Jiao K, Zhang SS, Kuang SP, Bull. Korean Chem. Soc.,**2002,**23(12), 1699.

55. Demirbas N et al., Eur. J. Med. Chem., **2004,** 39, 793.

56. El-Sayed R, Ind. J. Chem, **2006,** 45(B), 738.

57. Udupi RH et al., Bull. Korean Chem. Soc.,**2007,** 28(12), 2235.

58. Kumar H, Javed AS, Khan AS, Amir M, Eur. J. Med. Chem., **2008,** 43, 2688.

59. Somani RR, Mali RK, Torasakar MP, Mali KK, Naik PP, Shirodhar PY, Int. J. Chem Tech. Res., **2009,** 1(2), 168.

60. Cretu OD, Barbuceanu SF, Sarmame G, Draghici C, J. Ser. Chem. Soc., **2010,** 75(11), 1463.

61. Hasan A, Thomas NF, Gapil T, Molecules,**2011,** 16, 1297.

62. Pattan S et al., Ind. J. Chem, **2012**, 51(B), 297.

CAPÍTULO 3

RESULTADOS E DISCUSSÃO

Resultados e discussão

Neste capítulo, os resultados obtidos no decurso da presente investigação são discutidos na secção seguinte:

Secção I: Análise espectroscópica

Determinámos as estruturas dos compostos sintetizados através dos seus espectros de infravermelhos (IR), de ressonância magnética de protões (PMR) e de massa.

Espectros IR

Introdução

A espetroscopia de infravermelhos é uma das técnicas espectroscópicas mais comuns utilizadas pelos químicos orgânicos e inorgânicos. Simplesmente, é a medição da absorção de diferentes frequências de IV por uma amostra posicionada no trajeto de um feixe de IV.

O principal objetivo da análise espectroscópica de IV é determinar os grupos químicos funcionais na amostra. Diferentes grupos funcionais absorvem frequências caraterísticas da radiação IV. Utilizando vários acessórios de amostragem, o espetrómetro de IV pode aceitar uma vasta gama de tipos de amostras, tais como gases, líquidos e sólidos. Assim, a espetroscopia de IV é uma ferramenta importante e popular para a elucidação estrutural e identificação de compostos.

A informação sobre a absorção de IV é geralmente apresentada sob a forma de um espetro com comprimento de onda ou número de onda e intensidade de absorção ou percentagem de transmitância. A região do IV é normalmente dividida em três áreas mais pequenas. IR próximo, IR médio e IR distante. Concentrámo-nos na região do IV médio mais frequentemente utilizada, entre 4000-400 cm^{-1} .

Espectro PMR

Utilizações gerais

> Identificação e comprovação da estrutura de compostos químicos.

> Determinação quantitativa dos compostos da amostra.

> Informação detalhada sobre a orientação espacial dos núcleos numa molécula.

> Estudos de sistemas dinâmicos, incluindo equilíbrios químicos, movimentos moleculares e interações intermoleculares.

Aplicações comuns

> Amplamente aplicado para prova de estrutura em química sintética, química de produtos naturais e bioquímica.

> Determinação da estereoquímica e de estruturas de ordem superior em moléculas de todos os tamanhos.

> Análise conformacional, incluindo a avaliação de misturas em equilíbrio conformacional.

> Seguir o curso das reacções químicas identificando e quantificando os materiais de partida e os produtos.

> Interações intermoleculares, como a formação de pares iónicos ou interações enzima-substrato.

> O estudo das trocas químicas, como o tautomerismo das ligações de valência.

Introdução

Em 50 anos, desde a primeira observação da ressonância magnética nuclear/ protónica (RMN), a técnica tornou-se uma ferramenta indispensável para os químicos. Nos primeiros anos, as aplicações da RMN de protões foram rapidamente alargadas aos estudos estruturais de todos os principais tipos de compostos orgânicos. A utilidade da RMN no estudo de sistemas químicos dinâmicos e na análise conformacional também se tornou evidente. O desenvolvimento de potentes ímanes supercondutores e a introdução da técnica de transformada de Fourier (FT) pulsada aumentaram consideravelmente a sensibilidade e o poder de resolução do método.

A melhoria da sensibilidade permitiu alargar a RMN a quase todos os elementos da tabela periódica. O espetrómetro de RMN atual incorpora os avanços dos últimos 50 anos num instrumento versátil e fácil de utilizar. A aquisição e o processamento automatizados de dados permitem o acesso às experiências mais úteis numa base de rotina.

A aplicação prática da espetroscopia de RMN ao estudo da estrutura de compostos complexos só se tornou possível após a descoberta, em 1951, de que o espetro do etanol é constituído por três sinais individuais correspondentes à ressonância dos protões metilo, metileno e hidroxi e que os sinais de diferentes grupos de núcleos magnéticos em moléculas líquidas dão origem a uma divisão mais fina que depende do número e do carácter dos núcleos contidos na molécula. Dado que o núcleo envolvido no caso do etanol é o protão, o espetro é frequentemente designado por espetro de ressonância magnética de protões (PMR), para o diferenciar dos espectros que envolvem núcleos como [13] C, [14] N ou [19] O.

Espectro de massa
Utilizações gerais

> Identificação de compostos orgânicos em virtude do padrão de fragmentação.

> Determinação do peso molecular.

> Elucidação das caraterísticas estruturais de uma molécula desconhecida.

> Determinação da incorporação isotópica de isótopos estáveis.

> Estimativa da composição elementar com base no aparecimento e multiplicidade de picos isotópicos.

Aplicações comuns

> Identificação de contaminantes ambientais comuns.

> Identificação de drogas e metabolitos de drogas.

> Verificação ou conformação do produto ou produtos de síntese orgânica.

> Determinação do grau de incorporação de um composto marcador marcado com isótopos estáveis no pool biológico de hormonas ou outros transmissores químicos.

> Determinação da cinética da biossíntese ou da renovação de substâncias químicas orgânicas como precursor ou como metabolito num sistema biológico.

Introdução

A espetroscopia de massa foi originalmente concebida por físicos no início do século para determinar a relação massa/carga (m/z) de partículas carregadas em virtude do seu comportamento em campos magnéticos e eléctricos. O interesse inicial dos físicos consistia em provar a existência de isótopos de vários elementos. A espetrometria de massa orgânica foi cultivada por cientistas da indústria petrolífera a partir da década de 1940. A espetrometria de massa expandiu-se para aplicações biomédicas na década de 1970.

Em geral, a espetrometria de massa é uma técnica microanalítica que requer um processo energético para converter um número significativo de moléculas do analítico numa espécie carregada, de modo a que a razão (m/z) da forma carregada do analítico possa ser determinada. Um determinado composto é convertido numa espécie carregada através de um dos vários processos de ionização disponíveis.

Um espetrómetro de massa bombardeia a substância sob investigação com um feixe de electrões e regista quantitativamente o resultado como um espetro de fragmentos de iões positivos. Este registo é um espetro de massa. A separação dos fragmentos de iões positivos é feita com base na massa (estritamente, massa/carga, mas a maioria dos iões tem uma única carga).

Espectro de IV

Estudo espetral de IV do ácido (S)-2-[5-(4-acetilamino-fenil)-2H-[1,2,4]triazol-3-ilamino]-3-fenil-propiónico (1)

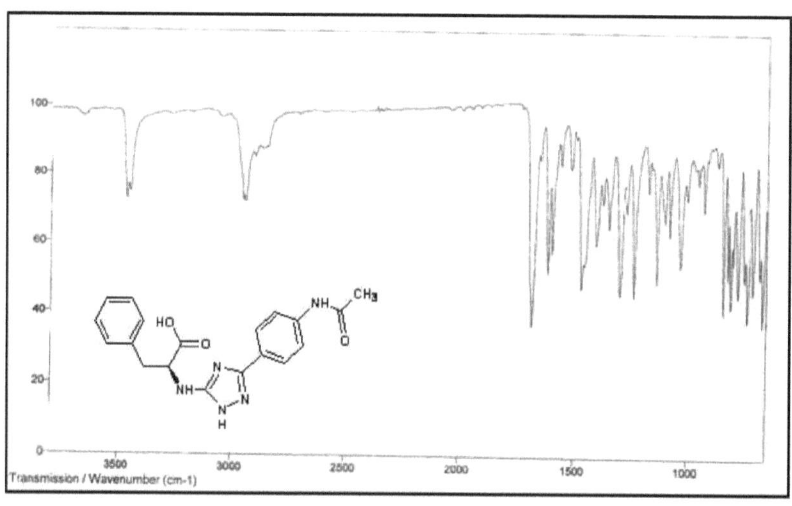

Técnica de amostragem: Película KBr

Instrumento   : PerkinElmer *Spectrum 100*

Gama de frequências   : *4000-400 cm⁻¹*

Type	Vibration mode	Frequency cm⁻¹
COOH	OH	3460
Amide	NH	3430
Alkyl	CH₃	2920
		1480
COOH	C=O	1820
Aryl	C=C	1605
Aryl	p-substutution	820

Estudo do espetro de IV da pirrolidina-2-carboxamida (11) (S)-1-(3-(4-(benzilidenoamino)fenil)-1H-[1,2,4]-triazol-5-il)-pirrolidina

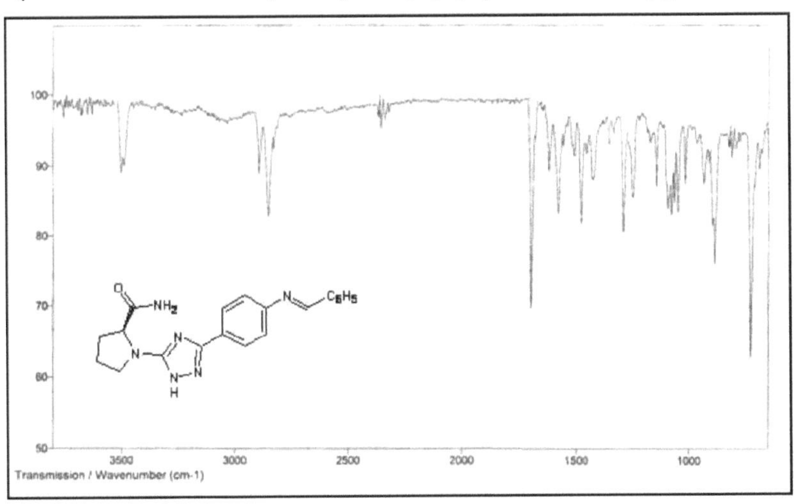

Técnica de amostragem: Película KBr

Instrumento   : PerkinElmer *Spectrum100*

Gama de frequências   : *4000-400 cm-1*

Type	Vibration mode	Frequencycm-1
Amide	NH	3500
Alkyl	CH$_2$	2830
		1490
Alken	=CH	2910
Amide	C=O	1780
Aryl	C=C	1615
Phenyl	p-Substitution	825

Estudo do espetro de IV do ácido (S)-3-(1-metil-1H-indol-3-il)-2-(2-metil-5-fenil-2H-[1,2,4]triazol-3-ilamino)-propiónico (21)

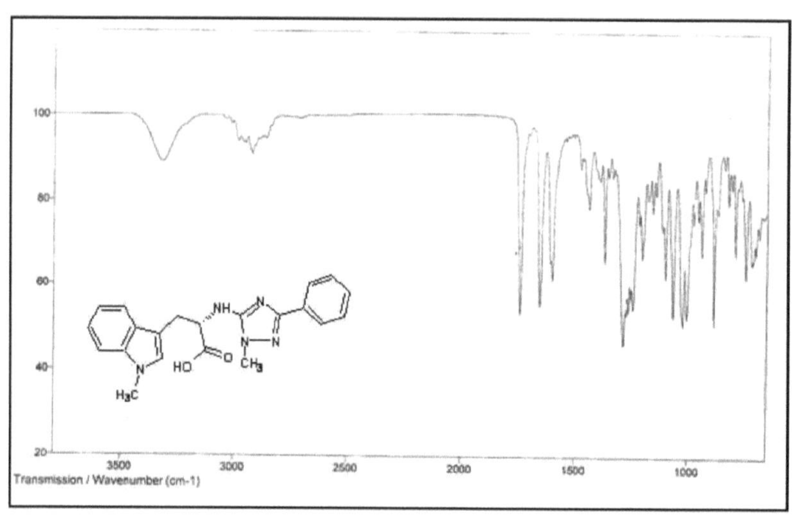

Técnica de amostragem: Película KBr

Instrumento : PerkinElmer *Spectrum100*

Gama de frequências : *4000-400 cm⁻¹*

Type	Vibration mode	Frequencycm⁻¹
COOH	OH	3210
Alkyl	CH₃	2930
		1470
COOH	C=O	1830
Aryl	C=C	1610
Ether	C-O	1240

Estudo espetral por RMN do ácido (S)-2-[5-(4-acetilamino-fenil)-2H-[1,2,4]triazol-3-ilamino]-3-fenil-propiónico (1)

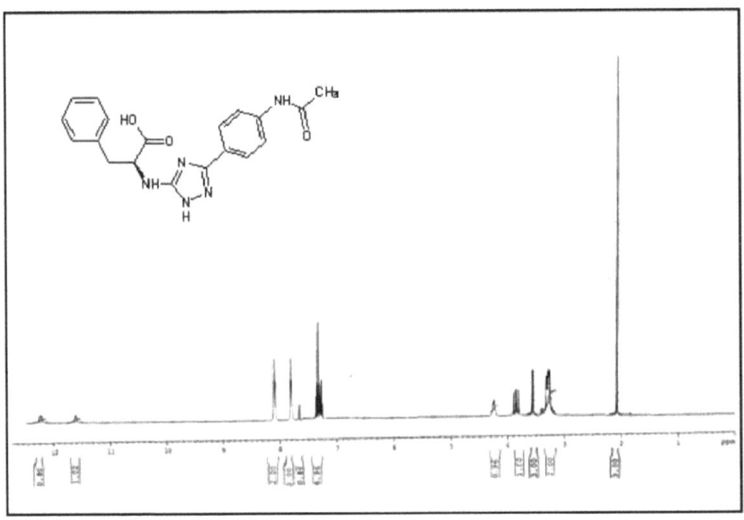

Instrumento : Bruker400 *MHz FT-NMR*

Padrão : *TMS*

Solvente : *CDCl3*

δ ppm	Multiplicity	No. of protons	Inference
2.04	S	3H	CH$_3$
3.20-3.37	M	2H	CH$_2$
3.88-3.94	M	1H	CH
4.21	S	1H	NH
7.30-7.43	M	5H	5ArH
7.78	S	1H	NH
7.82-7.92	D	2H	2ArH
8.12-8.32	D	2H	2ArH
11.65	S	1H	NH
12.29	S	1H	COOH

Estudo espetral por RMN da pirrolidina-2-carboxamida (11) (S)-1-(3-(4-(benzilidenoamino)fenil)-1H-[1,2,4]-triazol-5-il)-pirrolidina

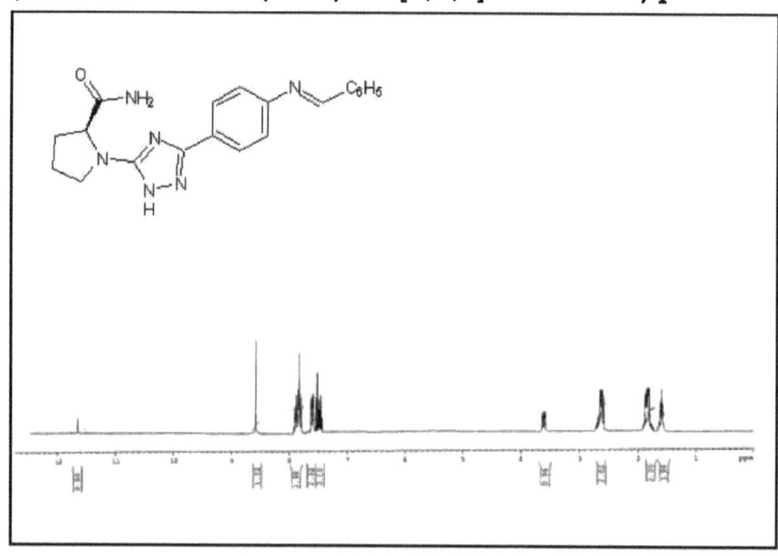

Instrumento : Bruker400 *MHz FT-NMR*

Padrão   *: TMS*

Solvente   *: CDCl3*

δ ppm	Multiplicity	No. of protons	Inference
1.53-1.66	m	2H	CH_2
1.71-1.96	m	2H	CH_2
2.71-2.83	m	2H	CH_2
7.21	s	2H	NH_2
7.52-7.59	m	3H	3ArH
7.65-7.74	dd	2H	2ArH
7.80-7.92	m	4H	4ArH
8.64	s	1H	CH
12.65	s	1H	NH

Estudo espetral por RMN do ácido (S)-3-(1-metil-1H-indol-3-il)-2-(2-metil-5-fenil-2H-[1,2,4]triazol-3-ilamino)-propiónico (21)

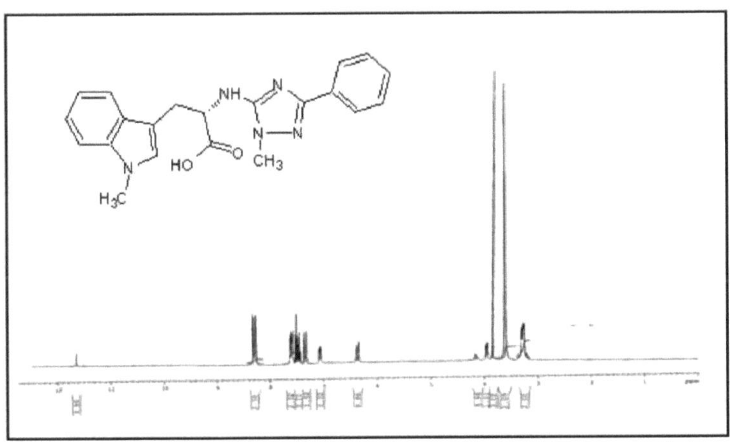

Instrumento : Varian *400 MHz FT-NMR*

Padrão   : *TMS*

Solvente   : *CDCl3*

δ ppm	Multiplicity	No. of protons	Inference
3.20 3.37	m	2H	CH$_2$
3.62	S	3H	CH$_3$
3.69	S	3H	CH$_3$
3.83	s	3H	CH$_3$
3.88-3.94	m	1H	CH
4.09	s	1H	NH
6.42	1	1H	1ArH
7.02	dd	1H	ArH
7.37	d	1H	ArH
7.41-7.53	m	3H	3ArH
7.54	dd	1H	ArH
7.58	d	1H	ArH
8.28-8.34	d	2H	2ArH
11.68	s	1H	COOH

Espectrometria de massa

Estudo do espetro de massa do ácido (S)-2-[5-(4-acetilamino-fenil)- 2H-[1,2,4]triazol-3-ilamino]-3-fenil-propiónico (1)

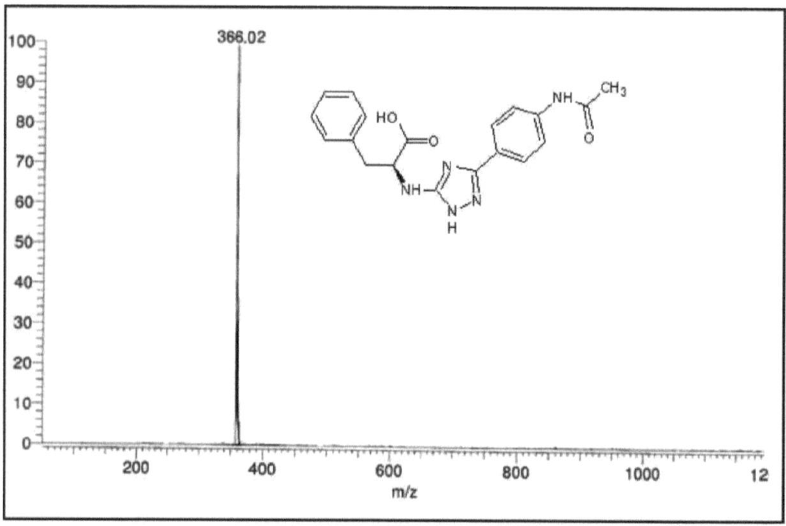

Sr. No.	M.W.	M.F.	Mass (m/z)
1	365.39	$C_{19}H_{19}N_5O_3$	366

Estudo do espetro de massa da pirrolidina-2-carboxamida (S)-1-(3-(4-(benzilidenoamino)fenil)-1H-1,2,4-triazol-5-il)-pirrolidina (11)

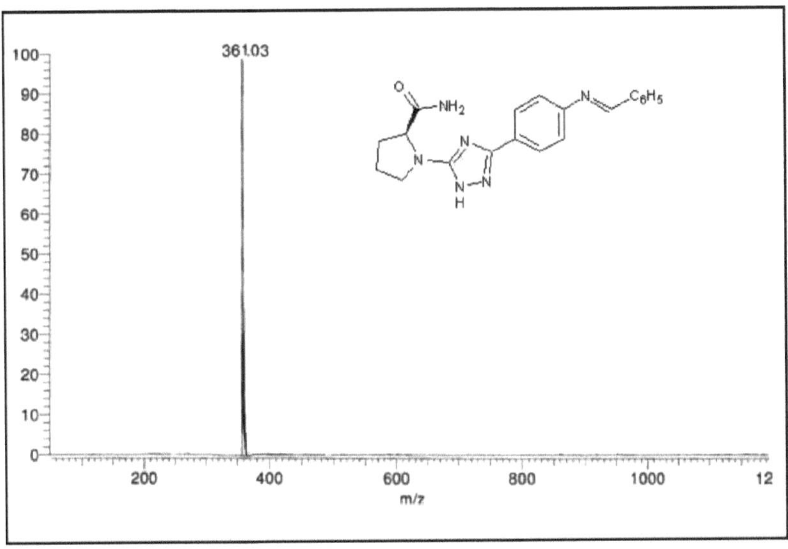

Sr. No.	M.W.	M.F.	Mass (m/z)
11	360.41	$C_{20}H_{20}N_6O$	361.03

Estudo do espetro de massa do ácido (S)-3-(1-metil-1H-indol-3-il)-2- (2-metil-5-fenil-2H-[1,2,4]triazol-3-ilamino)-propiónico (21)

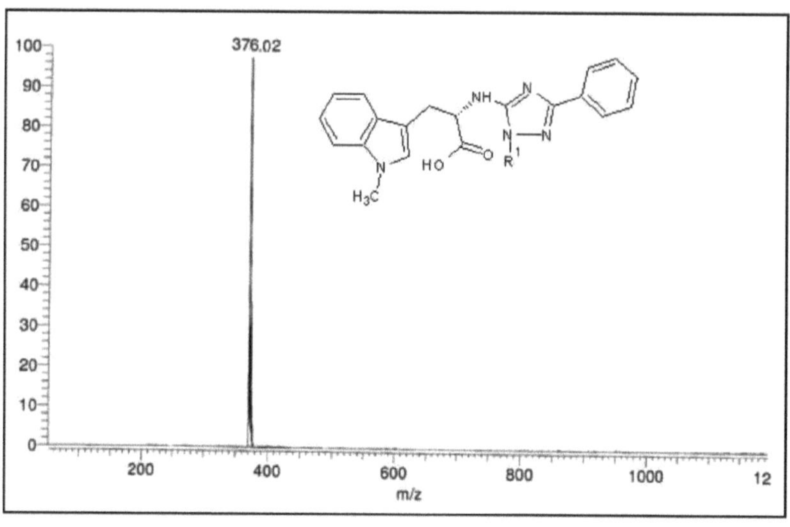

Sr. No.	M.W.	M.F.	Mass (m/z)
21	375.42	$C_{18}H_{16}N_6OS$	376.02

Neste capítulo, os resultados obtidos no decurso da presente investigação são discutidos na secção seguinte:

Secção-II: Avaliação biológica

Actividades Antibacterianas dos Compostos Sintetizados no Capítulo - II

As actividades antibacteriana e antifúngica foram estudadas submetendo os compostos a um rastreio farmacológico através de procedimentos padrão[1] . Todos os compostos sintetizados na presente investigação foram testados quanto à sua atividade antimicrobiana. As actividades antibacterianas foram testadas em meio nutriente contra *Streptococcuspyogenes*, *Staphylococcus aureus*, *Escherichia coli* e *Pseudomonas aeruginosa*. A atividade antifúngica foi testada em dextrose de batata como meio contra *Aspergillus'sniger* e *Candida albicans.*

Bactérias

Em 1928, o cientista alemão C. E. Chrenberg utilizou pela primeira vez o termo "bactéria" para designar pequenos organismos microscópicos com uma forma relativamente simples e primitiva de organização celular conhecida como "procariótica". O médico dinamarquês Gram, em 1884, descobriu a famosa coloração de Gram que categoriza as bactérias em duas grandes divisões: "Gram-positivas" e "Gram-negativas". As bactérias Gram-positivas resistem à descoloração com acetona, álcool e permanecem coradas de púrpura escuro (violeta de metilo), enquanto as bactérias Gram-negativas são descolorizadas[2] .

Espécies: *Staphylococcus aureus*

As células individuais de *S. aureus* têm 0,8 a 0,9 micro de diâmetro. São ovóides ou esféricas, não móveis, não capsuladas, não esporuladas, coradas com corantes de anilina comuns e gram positivas, tipicamente dispostas em grupos de aglomerados irregulares como ramos de grupos encontrados no pus, individualmente ou em pares. A temperatura óptima para o crescimento é de 37^0 C, o pH ótimo é de 7,4 a 7,6. Produzem pigmento amarelo dourado, que se desenvolve melhor à temperatura ambiente. Causam condições pirogénicas de formação de pus [supurativas], mastite de mulheres e vacas, furúnculos, carbúnculos, impetigo infantil, abcessos internos e intoxicação alimentar.

Espécies: *Streptococcus pyogenes*

O Streptococcus pyogenes é patogénico para o ser humano e encontra-se em dores de garganta, amigdalite folicular, septicemia, endocardite ulcerosa aguda ou maligna, etc. Trata-se de cocos esféricos com 0,5 a 0,75 micro de diâmetro, dispostos em cadeias moderadamente longas de cocos redondos e facilmente diferenciados dos enterococos que formam cadeias curtas de 2 a 4 esferas. *O Streptococcus pyogenes* é recentemente isolado da garganta ou de outras lesões; apresentam colónias mucóides ou foscas. Ao serem mantidas no laboratório, sofrem uma variação para um tipo brilhante. Os estreptococos são susceptíveis aos agentes destrutivos, à penicilina e às sulfomamidas.

Espécies: *Escherichia coli*

A *E. coli* é o tipo mais importante desta espécie, que contém uma série de outros tipos. A Escherichia coli foi descoberta em 1885 nas faces dos recém-nascidos e mostrou os organismos nos testes efectuados três dias após o nascimento. É um comensal do ser humano e encontra-se no trato intestinal de homens e animais e também se encontra na água de esgoto, terra, solo contaminado por matérias fecais. Os bastonetes gram-negativos têm um tamanho de 2 a 4 micro por 0,4 micro, apresentam-se normalmente sob a forma de cocobacilos e raramente sob a forma de filamentos. São anaeróbios facultativos e crescem em todos os meios laboratoriais. As colónias são circulares, elevadas, lisas e emitem um odor fecal. *As E. coli* são geralmente não patogénicas e são incriminadas como agentes patogénicos porque, em certos casos, se verificou que algumas estirpes produziam septicemia, inflamações do fígado e da vesícula biliar, apêndice, meningite, pneumonia e outras infecções e esta espécie é um agente patogénico reconhecido no domínio veterinário.

Espécies: *Pseudomonas aeruginosa*

A *P. aeruginosa* ocorre como um comensal no intestino do homem e dos animais, mas quando o mecanismo de defesa do organismo é deficiente. Actua como um agente patogénico menor, produzindo feridas supurativas, otite média, peritonite, cistite, broncopneumonia e empiema. Nas crianças, provoca diarreia e septicemia. O pus produzido pela *P. aeruginosa* é azul-esverdeado. Trata-se de microrganismos gram-negativos, ativamente móveis, não esporulados, com 1,5-3 micro por 0,5 micro, com extremidades arredondadas e flagelos bipolares. Ocorrem isoladamente ou em pares, em cadeias curtas. Crescem bem em meios normais em condições aeróbias, produzindo pigmento difusível.

Fungos

Espécies: *Candida albicans*

A *Candida albicans* pode permanecer como um comensal da membrana mucosa sem causar quaisquer alterações patológicas nos tecidos mais profundos da pele. Este fungo, em condições favoráveis, pode causar micoses superficiais, intermédias ou profundas, dependendo do estado do hospedeiro.

Espécies: *Aspergillusniger*

Os *Aspergillusniger* cstão muito presentes na natureza, encontrando-se em frutos, vegetais e outros substratos, que podem fornecer nutrientes. Algumas espécies estão envolvidas na deterioração de alimentos. São importantes do ponto de vista económico porque são utilizados numa série de fermentações industriais, incluindo a produção de ácido cítrico e ácido glucónico. Os Aspergilli crescem em altas concentrações de açúcar e sal, indicando que podem extrair a água necessária para o seu crescimento de substâncias relativamente secas.

Técnica de avaliação

As seguintes condições devem ser satisfeitas para o rastreio da atividade antimicrobiana:

> Deve haver um contacto íntimo entre os organismos de ensaio e a substância a avaliar.

> Devem ser criadas as condições necessárias para o crescimento dos microrganismos.

> As condições devem ser as mesmas durante todo o estudo.

> Deve ser mantido um ambiente assetico/estéril.

Vários métodos têm sido utilizados de tempos a tempos por diversos trabalhadores para avaliar a atividade antimicrobiana. A avaliação pode ser efectuada através dos seguintes métodos[3-5] .

- Método métrico turvo.

- Método de diluição em estrias de ágar.

- Método de diluição em série.

- Método de difusão em ágar.

As técnicas seguintes são utilizadas como método de difusão em ágar:

Método do oopo do ágar.

- Método da vala de ágar.

-       Método do disco de papel.

O método de diluição em caldo, um teste de suscetibilidade bacteriana *in vitro* não automatizado amplamente utilizado, foi utilizado para avaliar a atividade antimicrobiana.

É um método clássico que produz um resultado quantitativo para a quantidade de agente antimicrobiano necessária para inibir o crescimento de microrganismos. É efectuado em tubos.

-       Método de macrodiluição em tubos.

-       Formato de microdiluição utilizando tabuleiros de plástico.

-       No presente protocolo, utilizámos o formato de microdiluição.

Determinação das concentrações bactericidas mínimas (CBM) pelo método de diluição em caldo:

Método de diluição
Concentrações bactericidas mínimas (CBM)

A principal vantagem do **"Método de Diluição em Caldo"** para a determinação da CBM reside no facto de poder ser facilmente convertido para determinar também a CBM.

1.   Foram preparadas diluições seriadas em

        rastreio.

2.   O tubo de controlo que não contém antibiótico é imediatamente

        subcultura (antes da incubação), espalhando uma alça uniformemente sobre um quarto de placa de meio adequado para o crescimento do organismo testado e incubado a 37⁰ C durante 24 h.

3.   A MBC do organismo de controlo é lida para verificar a exatidão das concentrações do medicamento.

4.   A concentração mais baixa que inibe o crescimento do organismo é registada como MBC.

5. Todos os tubos que não apresentem crescimento visível (da mesma forma que o tubo de controlo descrito acima) são subcultivados e incubados durante a noite a 37º C.

6. A quantidade de crescimento do tubo de controlo antes da incubação (que representa o inóculo original) foi comparada.

7. As subculturas podem apresentar um número semelhante de colónias, indicando bacteriostática, um número reduzido de colónias, indicando uma atividade bactericida parcial ou lenta, e nenhum crescimento, se todo o inóculo tiver sido eliminado. O teste deve incluir um segundo conjunto das mesmas diluições inoculadas com um organismo de sensibilidade conhecida.

Concentração Fungicida Mínima (MFC)

O método de diluição do caldo para a determinação da MFC reside no facto de poder ser facilmente convertido para determinar também a MFC. A diluição em série, onde o rastreio primário e secundário e o material e o método foram apenas seguidos como uma atividade bactericida. O crescimento e a inibição são medidos e o composto é aplicado no método para determinar a atividade em concentração gg/ml.

Métodos utilizados para o rastreio primário e secundário

Cada fármaco sintetizado foi diluído obtendo-se uma concentração de 2000 microgramas/ml, como solução de reserva.

Rastreio primário: No rastreio primário, foram utilizadas concentrações de 500 micro/ml, 250 micro/ml e 125 micro/ml dos fármacos sintetizados. Os fármacos sintetizados activos encontrados neste rastreio primário foram ainda testados num segundo conjunto de diluições contra todos os microrganismos.

Rastreio secundário: Os medicamentos considerados activos no rastreio primário

foram diluídas de forma semelhante para obter concentrações de 100 micro/ml, 50 micro/ml, 25 micro/ml, 12,5 micro/ml, 6,250 micro/ml, 3,125 micro/ml e 1,5625 micro/ml.

Resultado da leitura

A diluição mais elevada que apresenta pelo menos 99 % de zona de inibição é considerada como CIM. O resultado é muito afetado pelo tamanho do inóculo. A mistura de teste deve conter 10^8 organismo/ml.

O medicamento padrão

O medicamento padrão utilizado no presente estudo é a "Gentamicina" para avaliar a atividade antibacteriana que mostrou (0,25, 0,05, 0,5 e 1 pg/ml). MBC contra *S. aureus*, *E. pyogenes* e *P. aeruginosa*, respetivamente. A "K. Nystatin" é utilizada como medicamento padrão para a atividade antifúngica

que mostrou 100pg/ml de MFC contra todas as espécies, utilizadas para a atividade antifúngica.

Medicamentos antibacterianos e antifúngicos importantes

Gentamicin

Ampicillin

Chloramphenicol

Ciprofloxacin

Norfloxacin

K. Nystatin

Tabela: 1

Atividade antibacteriana dos medicamentos padrão

Drugs	Minimal Bactericidal Concentrations In µg/ml			
	E. coli µg/ml	*P. aeruginoa* µg/ml	*S. aureus* µg/ml	*S. pyogenes*µg/ml
Ampicillin	100	100	250	100
Chloremphenicol	50	50	50	50

Quadro: 2

Atividade antifúngica dos medicamentos padrão

Drugs	*C. albicans*µg/ml	*A. niger* µg/ml
Greseofulvin	500	100

Tabela: 3

Atividade antimicrobiana da (S)-2-[5-(4-(alquil)acetilamino-fenil)-2H-[1,2,4]triazol-3-ilamino] -3-fenil-propion(alquil)amida do seguinte tipo

Sr. No.	Minimal Bactericidal Concentrations in µg/ml				Minimal Fungicidal Concentrations in µg/ml	
	E. coli µg/ml	*P. aeruginosa* µg/ml	*S. aureus* µg/ml	*S. pyogenes* µg/ml	*A. niger* µg/ml	*C. albicans* µg/ml
1	125	62.5	125	250	500	500
2	62.5	100	62.5	500	500	500
3	50	100	125	500	1000	1000
4	250	500	250	250	1000	**200**
5	100	125	50	100	1000	500
6	500	1000	500	500	1000	1000
7	500	500	1000	1000	500	1000
8	500	1000	250	1000	1000	1000
9	500	250	250	500	500	**250**
10	250	500	500	250	1000	1000

Os resultados da atividade antibacteriana mostraram que o composto 1 foi bem ativo contra bactérias Gram negativas, *P. aeruginosa*. O composto 2 foi bem ativo contra *E. coli* e *S. aureus,* enquanto moderadamente ativo contra *P. aeruginosa*. O composto 3 foi mais ativo contra a bactéria gram-negativa *E. coli* e moderadamente ativo contra a *P. aeruginosa*. O composto 5 foi mais ativo contra *S. aureus* e moderadamente ativo contra *E. coli* e *S. pyogenes*.

A atividade antifúngica mostrou que os compostos 4 e 9 foram bem activos contra o fungo *C.albicans*.

Quadro: 2

Atividade antimicrobiana da (S)-1-(3-(4-(arilidina)amino) fenil)-1H-1,2,4-triazol-5-il)-N-(alquil)pirrolidina-2-carboxamida do seguinte tipo

Sr. No.	Minimal Bactericidal Concentrations in µg/ml				Minimal Fungicidal Concentrations in µg/ml	
	E. coli µg/ml	*P. aeruginosa* µg/ml	*S. aureus* µg/ml	*S. pyogenes* µg/ml	*A. niger* µg/ml	*C. albicans* µg/ml
11	62.5	62.5	62.5	62.5	500	500
12	125	250	**25**	125	1000	200
13	200	200	125	200	200	500
14	25	250	**50**	25	1000	500
15	125	200	125	125	100	100
16	50	500	62.5	50	500	500
17	250	200	125	250	500	500
18	100	500	50	100	500	1000
19	50	50	25	50	1000	500
20	125	200	125	125	100	1000

Os resultados da atividade antibacteriana mostraram que o composto 11 apresentou uma boa atividade contra todas as espécies. O composto 12 foi mais ativo contra *S. aereus*. O composto 14 foi mais ativo contra *E. coli* e mais ativo contra *S. aureus*, enquanto moderadamente ativo contra *S. pyogenes*. O composto 16 foi mais ativo contra *E. coli* e *S. aureus*. O composto 18 foi mais ativo contra *S. aureus e moderadamente* ativo contra E. *coli* e *S. pyogenes*. O composto 19 foi mais ativo contra *S. aureus* e mais ativo contra ambas as bactérias gram-negativas *E. coli* e *P. aeruginosa*.

A atividade antifúngica mostrou que o composto 15 foi bem ativo contra ambos os fungos *A. niger* e *C.albicans*.

Tabela: 3

Antimicrobiano do
ácido (S)-3-(1-(alquil)-1H-indol-3-il)-2-(2-(alquil)
-5-fenil-2H-[1,2,4]triazol-3-ilamino)-propiónico do
seguinte tipo

Sr. No.	Minimal Bactericidal Concentrations in µg/ml				Minimal Fungicidal Concentrations in µg/ml	
	E. coli µg/ml	*P. aeruginosa* µg/ml	*S. aureus* µg/ml	*S. pyogenes* µg/ml	*A. niger* µg/ml	*C. albicans* µg/ml
21	1000	250	500	250	1000	500
22	250	500	250	125	1000	1000
23	250	500	250	250	500	1000
24	125	500	250	125	1000	1000
25	200	500	200	500	**250**	500
26	250	250	500	250	1000	1000
27	125	125	250	125	500	1000
28	200	250	200	62.5	1000	1000
29	125	125	125	50	500	1000
30	500	250	200	250	1000	1000

Os resultados da atividade antibacteriana mostraram que o composto 28 teve uma boa atividade contra *S. pyogenes*. O composto 29 foi mais ativo contra *S. pyogenes*.

Os resultados da atividade antifúngica mostraram que o composto 25 era muito ativo contra *A. niger*.

Gráfico-1: Atividade antibacteriana e antifúngica da (S)-2-[5-(4-(alquil)acetilaminofenil)-2H-[l,2,4]triazol-3-ilamino]-3-fenil-propiona(alquil)amida do seguinte tipo

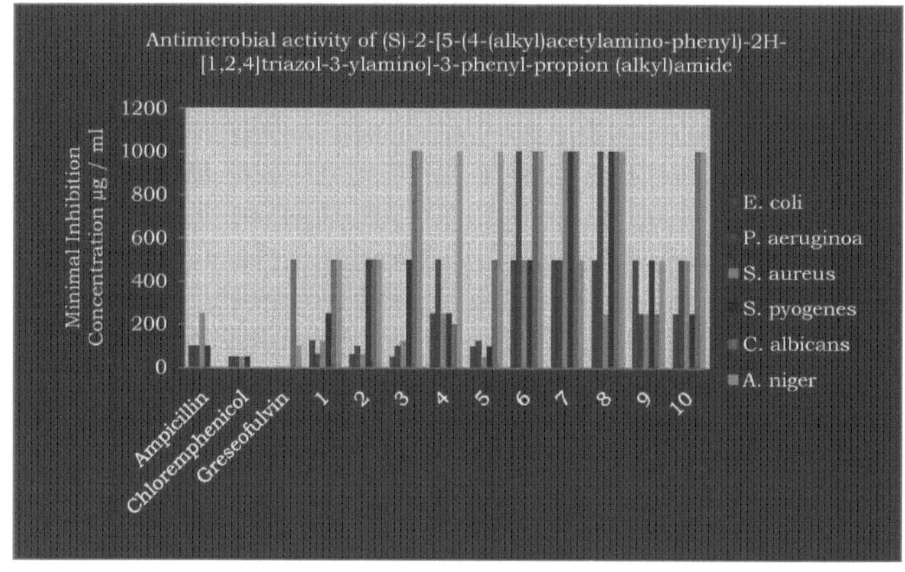

Gráfico-2: Atividade antibacteriana e antifúngica da (S)-1-(3-(4-(arilidina)amino) fenil)-1H-[1,2,4]-triazol-5-il)-N-(alquil)pirrolidina-2-carboxamida do seguinte tipo

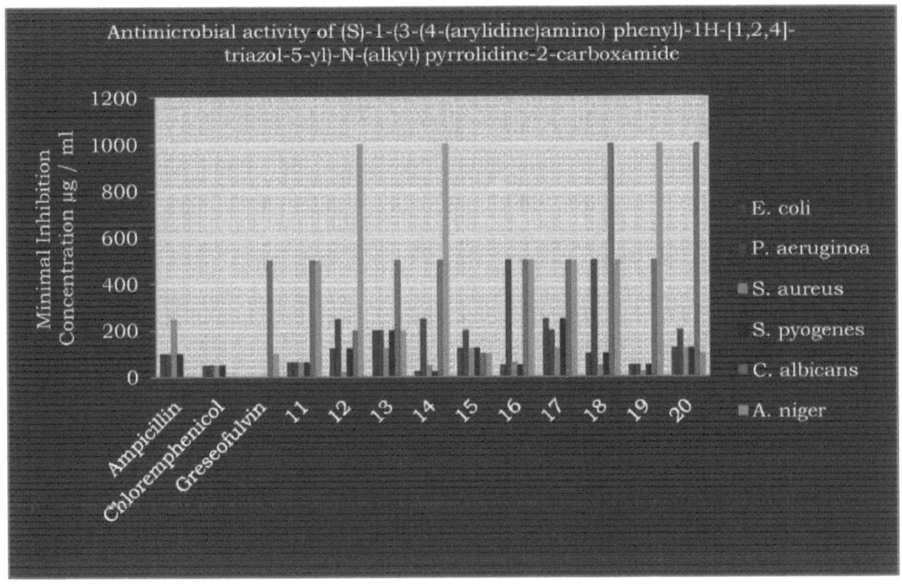

Gráfico-3: Atividade antibacteriana e antifúngica do ácido (S)-3-(l-(alquil)-lH-indol-3-il)- 2-(2-(alquil)-5-fenil-2H-[l,2,4]triazol-3-ilamino)-propiónico do seguinte tipo

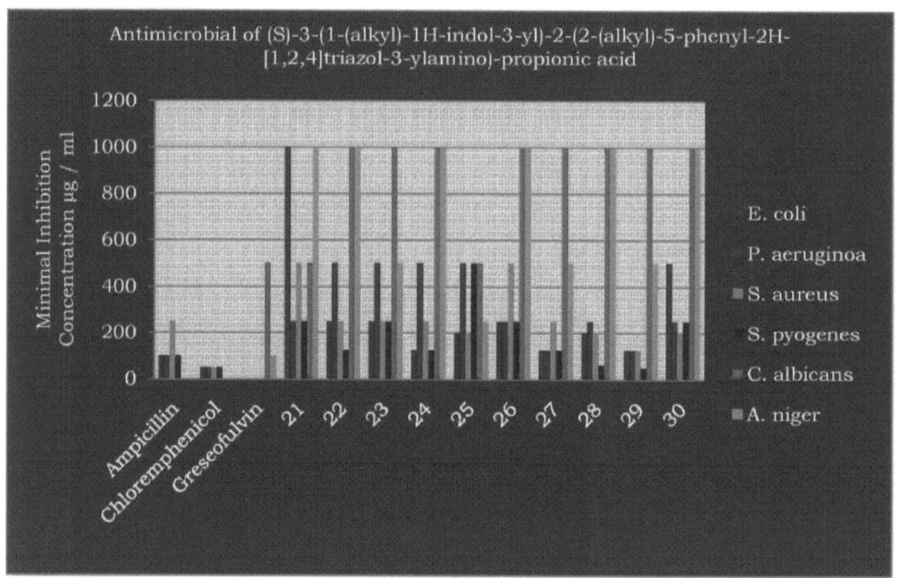

Referências

1. Barrows W, Text Book of Microbiology, W B Saunders Co., Philadelphia, 17th ed., **1959**.

2. Hugo WB e Russel AD, Pharmaceutical Microbiology, Blackwell Scientific publications, Oxford, **1977**, 5.

3. Robert C, Medical Microbiology, ELBS e E & S., Living stone, Briton, 11th ed., **1970**, 895-901.

4. Sujatha GD et al.,Indian J Expt. Biol, **1975**,   13, 286.

5. Walksman SA, Microbial Antagonism and Antibiotic Substances, Common Wealth Fund, Nova Iorque, 2nd ed., **1947**, 72.

Printed by Books on Demand GmbH, Norderstedt / Germany